Vijay Singh

A máquina consciente: Compreender a IA e o QI

AF404685

Vijay Singh

A máquina consciente: Compreender a IA e o QI

ScienciaScripts

Imprint

Any brand names and product names mentioned in this book are subject to trademark, brand or patent protection and are trademarks or registered trademarks of their respective holders. The use of brand names, product names, common names, trade names, product descriptions etc. even without a particular marking in this work is in no way to be construed to mean that such names may be regarded as unrestricted in respect of trademark and brand protection legislation and could thus be used by anyone.

Cover image: www.ingimage.com

This book is a translation from the original published under ISBN 978-620-7-65089-7.

Publisher:
Sciencia Scripts
is a trademark of
Dodo Books Indian Ocean Ltd. and OmniScriptum S.R.L publishing group

120 High Road, East Finchley, London, N2 9ED, United Kingdom
Str. Armeneasca 28/1, office 1, Chisinau MD-2012, Republic of Moldova, Europe
Printed at: see last page
ISBN: 978-620-7-69149-4

PREFÁCIO

A Máquina Consciente: Understanding AI and IQ embarca numa viagem à fascinante intersecção da Inteligência Artificial (IA) e do quociente de inteligência humana (QI), explorando a intrincada relação entre estes dois domínios e as suas implicações para a sociedade, a tecnologia e a humanidade como um todo. À medida que o ritmo dos avanços tecnológicos se acelera e a IA se integra cada vez mais no nosso quotidiano, as questões sobre a natureza da inteligência, da consciência e da mente humana passaram para o primeiro plano do discurso público. Com os sistemas de IA a demonstrarem capacidades notáveis em tarefas que vão desde a tradução de línguas ao diagnóstico médico, é natural que nos interroguemos sobre a comparação destas máquinas com a inteligência humana e sobre os conhecimentos que podem oferecer sobre os mistérios da mente. "The Conscious Machine" procura responder a estas questões fornecendo uma panorâmica abrangente da investigação sobre IA e QI, com base em conhecimentos da neurociência, ciência cognitiva, psicologia, ciência da computação e filosofia. Neste livro, exploramos a história da IA, desde os seus humildes primórdios até ao estado atual da arte, e examinamos os mais recentes desenvolvimentos da ciência cognitiva e da investigação sobre o QI. Embora os sistemas de IA possam exibir feitos impressionantes de inteligência, não têm a experiência subjectiva e a autoconsciência que caracterizam a consciência humana. No entanto, à medida que a IA continua a progredir, surgem questões sobre a potencial emergência da consciência das máquinas e as implicações que isso pode ter para o futuro da humanidade.

Sr. Vijay Singh

CONTEÚDO

CAPÍTULO 1
Introdução à IA e ao QI

Ashwani Kumar

Escola de Engenharia e Tecnologia

K. R. Mangalam University, Gurugram, Haryana, Índia

Gaurav Kansal

Escola de Engenharia

ABES(IT), Ghaziabad, Uttar Pradesh, Índia

Introdução

A Inteligência Artificial (IA) é um domínio em rápida evolução que tem vindo a transformar vários aspectos da sociedade. Definida em termos gerais, a IA refere-se à simulação de processos de inteligência humana por máquinas, nomeadamente sistemas informáticos. Estes processos incluem a aprendizagem (a aquisição de informação e de regras de utilização da informação), o raciocínio (a utilização de regras para chegar a conclusões aproximadas ou definitivas) e a auto-correção. Atualmente, a IA é omnipresente, com impacto nas indústrias, nos cuidados de saúde, na educação e na vida quotidiana.

Antecedentes históricos

O conceito de máquinas capazes de pensar remonta à antiguidade, mas a IA como área de estudo começou a sério em meados do século XX. O matemático e lógico britânico Alan Turing é frequentemente considerado um dos pais da IA. O seu artigo "Computing Machinery and Intelligence", de 1950, colocava a questão: "Podem as máquinas pensar?" e introduziu o Teste de Turing, um método para determinar se uma máquina apresenta um comportamento inteligente indistinguível do de um ser humano.

Em 1956, o termo "inteligência artificial" foi cunhado por John McCarthy na Conferência de Dartmouth, marcando o nascimento oficial da IA como disciplina de investigação. Os primeiros esforços em IA centraram-se na resolução de problemas e em métodos simbólicos. Nas décadas seguintes, assistiu-se a períodos de entusiasmo e progresso, intercalados com fases de menor financiamento e interesse, conhecidas como "Invernos da IA".

Principais componentes da IA

Aprendizagem automática (ML): Um subconjunto da IA, a aprendizagem automática envolve algoritmos que permitem aos computadores aprender e tomar decisões com base em dados. A aprendizagem supervisionada, a aprendizagem não supervisionada e a aprendizagem por reforço são os principais tipos de aprendizagem automática. A aprendizagem supervisionada utiliza dados etiquetados para treinar algoritmos, a aprendizagem não supervisionada lida com dados não etiquetados para encontrar padrões ocultos e a aprendizagem por reforço envolve agentes que aprendem comportamentos óptimos através de tentativa e erro.

Processamento de linguagem natural (PNL): A PNL é a capacidade de uma máquina compreender, interpretar e gerar linguagem humana. As aplicações da PNL incluem serviços de tradução de línguas, chatbots e assistentes virtuais como a Siri e a Alexa.

Visão por computador: Este domínio permite que as máquinas interpretem e tomem decisões com base em dados visuais do mundo. A visão computacional potencia tecnologias como o reconhecimento facial, os veículos autónomos e a análise de imagens médicas.

Robótica: A IA na robótica envolve a criação de máquinas que podem executar tarefas de forma autónoma. Os robôs equipados com IA podem aprender com o seu ambiente, adaptar-se a novas situações e executar tarefas complexas, o que os torna valiosos nos sectores da indústria transformadora, dos cuidados de saúde e dos serviços.

Aplicações da IA

Cuidados de saúde: A IA está a revolucionar os cuidados de saúde, melhorando a precisão dos diagnósticos, personalizando os planos de tratamento e acelerando a descoberta de medicamentos. Os algoritmos de IA podem analisar imagens médicas para detetar doenças precocemente, prever os resultados dos doentes e até ajudar em cirurgias através de sistemas robóticos.

Finanças: No sector financeiro, a IA ajuda na deteção de fraudes, na negociação algorítmica e nos serviços bancários personalizados. Os sistemas de IA analisam padrões de transação para identificar actividades fraudulentas e otimizar estratégias de negociação para maximizar os retornos.

Educação: As ferramentas orientadas para a IA estão a melhorar a experiência educativa, proporcionando uma aprendizagem personalizada, automatizando tarefas administrativas e oferecendo sistemas de tutoria inteligentes. A IA pode adaptar os conteúdos aos estilos, ritmos e necessidades individuais de aprendizagem, melhorando os resultados educativos.

Transportes: Os veículos autónomos são uma das aplicações mais visíveis da IA nos transportes. Estes veículos utilizam a IA para navegar, evitar obstáculos e tomar decisões em tempo real. A IA é também utilizada em sistemas de gestão de tráfego para otimizar o fluxo e reduzir o congestionamento.

Serviço ao cliente: Os chatbots e os assistentes virtuais alimentados por IA estão a transformar o serviço ao cliente, fornecendo respostas instantâneas e tratando de questões de rotina. Estes sistemas melhoram a eficiência e a satisfação do cliente, oferecendo apoio 24 horas por dia, 7 dias por semana.

Desafios e considerações éticas

Apesar dos seus benefícios, a IA apresenta vários desafios e dilemas éticos. Uma das principais preocupações é o potencial de enviesamento dos algoritmos de IA. Se os dados utilizados para treinar os sistemas de IA forem tendenciosos, os resultados podem perpetuar ou mesmo exacerbar as desigualdades existentes. É fundamental garantir a equidade e a transparência nos processos de decisão da IA.

A privacidade é outra questão importante. Os sistemas de IA requerem frequentemente grandes quantidades de dados pessoais para funcionarem eficazmente. É fundamental proteger estes dados contra violações e garantir que são utilizados de forma responsável. Regulamentos como o Regulamento Geral sobre a Proteção de Dados (RGPD) na Europa visam proteger os direitos dos indivíduos em matéria de dados na era da IA.

O impacto da IA no emprego é também um tema controverso. Embora a IA possa aumentar a produtividade e criar novas oportunidades de emprego, também pode deslocar trabalhadores, especialmente em funções que envolvem tarefas de rotina. É essencial preparar a força de trabalho para esta mudança através de programas de educação e reciclagem.

O futuro da IA

O futuro da IA encerra imensas possibilidades. Os avanços na computação quântica poderão aumentar exponencialmente as capacidades da IA, resolvendo problemas atualmente fora do nosso alcance. A integração da IA com a Internet das Coisas (IoT) criará ambientes mais inteligentes, desde casas a cidades inteiras.

O desenvolvimento ético da IA tornar-se-á cada vez mais importante. Os investigadores e os decisores políticos estão a trabalhar no sentido de criar quadros que garantam que a IA beneficia a sociedade no seu todo. Isto inclui a promoção da transparência, da responsabilidade e da inclusão nos sistemas de IA.

O papel da IA na resolução dos desafios globais não pode ser sobrestimado. Das alterações climáticas às pandemias, a IA tem o potencial de fornecer soluções inovadoras através da análise de conjuntos de dados complexos e da previsão de resultados. Os esforços de colaboração entre governos, universidades e indústria serão cruciais para aproveitar o poder da IA para um bem maior.

Introdução ao Quociente de Inteligência

O Quociente de Inteligência, vulgarmente conhecido por QI, é uma medida normalizada utilizada para avaliar a inteligência humana. O conceito de QI tem sido fundamental para os domínios psicológico e educativo, fornecendo informações sobre capacidades cognitivas como o raciocínio, a resolução de problemas e a compreensão. O termo "QI" teve origem no trabalho do psicólogo francês Alfred Binet, que, juntamente com o seu colega Théodore Simon, desenvolveu o primeiro teste de inteligência no início do século XX. Este esforço inicial tinha como objetivo identificar as crianças que necessitavam de assistência educativa especial, lançando as bases para os testes de QI modernos.

O desenvolvimento dos testes de QI

A escala Binet-Simon, introduzida em 1905, foi o primeiro teste prático de inteligência. Consistia numa série de tarefas destinadas a avaliar várias capacidades cognitivas, incluindo a memória, a atenção e o raciocínio lógico. O teste foi posteriormente revisto e adaptado pelo psicólogo Lewis Terman na Universidade de Stanford, dando origem à Escala de

Inteligência Stanford-Binet. Esta versão revista introduziu o conceito de Quociente de Inteligência, calculado dividindo a idade mental de uma pessoa (determinada pelo teste) pela sua idade cronológica e multiplicando por 100.

Outro contributo significativo para os testes de QI foi dado pelo psicólogo David Wechsler, que desenvolveu a Escala de Inteligência de Wechsler para Adultos (WAIS) e a Escala de Inteligência de Wechsler para Crianças (WISC). Estes testes alargaram o âmbito da avaliação da inteligência ao incorporarem subtestes verbais e baseados no desempenho, oferecendo uma avaliação mais abrangente das capacidades cognitivas.

Componentes do QI

Os testes de QI são concebidos para medir uma série de competências cognitivas. Estas incluem normalmente:

Compreensão verbal: Avalia as capacidades relacionadas com a compreensão e utilização da linguagem, incluindo vocabulário, semelhanças e compreensão.

Raciocínio percetivo: Mede as capacidades de raciocínio não-verbal e fluido, tais como puzzles visuais, desenho de blocos e raciocínio matricial.

Memória de trabalho: Avalia a capacidade de reter e manipular informação durante curtos períodos de tempo, incluindo tarefas como a contagem de dígitos e a aritmética.

Velocidade de processamento: mede a velocidade a que um indivíduo consegue processar informação simples ou de rotina, envolvendo tarefas como a pesquisa de símbolos e a codificação.

A combinação destes componentes proporciona uma visão holística das capacidades intelectuais de um indivíduo.

Utilizações dos testes de QI

Os testes de QI têm várias aplicações em diferentes domínios:

Colocação educacional: Os testes de QI são frequentemente utilizados para identificar os alunos que podem beneficiar de serviços de ensino especial, programas para sobredotados ou apoio adicional.

Avaliação psicológica: Os médicos utilizam testes de QI como parte de avaliações exaustivas para diagnosticar deficiências intelectuais, dificuldades de aprendizagem e outras perturbações cognitivas.

Orientação profissional e vocacional: Alguns serviços de orientação profissional utilizam testes de QI para ajudar as pessoas a compreenderem os seus pontos fortes e potenciais percursos profissionais.

Investigação: As pontuações de QI são frequentemente utilizadas em investigação psicológica e educacional para estudar as relações entre inteligência, comportamento e vários resultados na vida.

Limitações e críticas aos testes de QI

Apesar da sua utilização generalizada, os testes de QI têm sido objeto de críticas e debates significativos. As principais preocupações incluem:

Preconceito cultural: Os críticos argumentam que os testes de QI tradicionais podem favorecer indivíduos de determinados contextos culturais ou socioeconómicos, conduzindo potencialmente a resultados tendenciosos.

Âmbito restrito: Os testes de QI medem essencialmente determinadas capacidades cognitivas, podendo negligenciar outras formas de inteligência, como a inteligência emocional, a criatividade e a resolução de problemas práticos.

Excesso de ênfase nos resultados: Existe o risco de dar demasiada importância às pontuações de QI, o que pode levar à rotulagem e estigmatização. É importante lembrar que o QI é apenas um aspeto das capacidades e potencialidades gerais de uma pessoa.

Mudanças ao longo do tempo: As capacidades cognitivas podem mudar devido a vários factores, como a educação, o ambiente e a saúde. Por conseguinte, a pontuação de QI de um indivíduo pode não permanecer constante ao longo da sua vida.

Visões alternativas da inteligência

Em resposta às limitações dos testes de QI tradicionais, foram propostas várias teorias e modelos para proporcionar uma compreensão mais abrangente da inteligência:

As Inteligências Múltiplas de Howard Gardner: Gardner propôs que a inteligência não é uma entidade única, mas uma combinação de inteligências múltiplas, incluindo as inteligências linguística, lógico-matemática, espacial, musical, corporal-cinestésica, interpessoal, intrapessoal e naturalista.

Teoria Triárquica de Robert Sternberg: O modelo de Sternberg inclui três tipos de inteligência: analítica (capacidade de resolução de problemas), criativa (capacidade de lidar com situações novas) e prática (capacidade de adaptação a ambientes em mudança).

Inteligência emocional (QE): Introduzida por Peter Salovey e John Mayer e popularizada por Daniel Goleman, a inteligência emocional refere-se à capacidade de perceber, compreender, gerir e regular as emoções em si próprio e nos outros.

O papel da genética e do ambiente

A interação entre a genética e o ambiente desempenha um papel crucial na formação da inteligência. Os estudos sobre gémeos e adoção sugerem que os factores genéticos influenciam significativamente o QI, mas os factores ambientais como a educação, o estatuto socioeconómico e os estilos parentais também têm um impacto profundo. Esta interação complexa sublinha a importância de proporcionar ambientes enriquecedores e oportunidades educativas para fomentar o desenvolvimento cognitivo.

Direcções futuras da investigação sobre QI

Os progressos da neurociência e da tecnologia estão a abrir caminho a novas abordagens para compreender e medir a inteligência. As técnicas de neuroimagem, como a ressonância magnética funcional, estão a fornecer informações sobre as estruturas e funções cerebrais associadas à inteligência. Além disso, a integração da inteligência artificial e da aprendizagem automática nas avaliações psicológicas é promissora para o desenvolvimento de medidas mais exactas e personalizadas das capacidades cognitivas.

Perspectivas históricas sobre a IA e o QI

A procura de compreender e replicar a inteligência tem sido uma viagem fascinante que atravessa séculos, entrelaçando a evolução da Inteligência Artificial (IA) e a medição da inteligência humana, normalmente quantificada como Quociente de Inteligência (QI). Ambos os domínios têm histórias ricas que, embora distintas, convergem de forma intrigante.

As primeiras raízes da IA

A ideia de criar máquinas capazes de simular o pensamento humano remonta à Antiguidade. Mitos e lendas de várias culturas, como o mito grego de Talos ou os autómatos de Hefesto, reflectem as primeiras imaginações de seres artificiais dotados de inteligência. No entanto, a busca científica da IA começou muito mais tarde, no século XX.

Os fundamentos formais da IA como disciplina remontam frequentemente a meados do século XX. Em 1950, o matemático e lógico britânico Alan Turing publicou "Computing Machinery and Intelligence", onde propôs o que é atualmente conhecido como o Teste de Turing - um critério para determinar se uma máquina pode exibir uma inteligência semelhante à humana. Este trabalho seminal lançou as bases para a investigação subsequente em IA.

Em 1956, a Conferência de Dartmouth, organizada por John McCarthy, Marvin Minsky, Nathaniel Rochester e Claude Shannon, marcou o nascimento oficial da IA como área de estudo. A conferência introduziu o termo "inteligência artificial" e propôs que a inteligência humana pudesse ser descrita com precisão e simulada por máquinas. A investigação inicial em IA centrou-se na IA simbólica ou "boa IA à moda antiga" (GOFAI), que envolvia a programação de computadores para manipular símbolos e resolver problemas utilizando lógica e regras.

A evolução do QI

Paralelamente ao desenvolvimento da IA, a medição da inteligência humana estava também a ganhar força. O conceito de QI teve origem no início do século XX com o trabalho do psicólogo francês Alfred Binet. Encarregado pelo governo francês de identificar os alunos que necessitavam de assistência educativa especial, Binet, juntamente com o seu colega Théodore Simon, desenvolveu a escala Binet-Simon em 1905. Este foi o primeiro teste prático de inteligência, com o objetivo de medir várias capacidades cognitivas.

Em 1916, Lewis Terman, da Universidade de Stanford, reviu a escala Binet-Simon, criando as Escalas de Inteligência Stanford-Binet. Terman introduziu o Quociente de Inteligência (QI), calculado como o rácio entre a idade mental e a idade cronológica, multiplicado por 100. Este método de teste padronizado tornou-se amplamente utilizado e lançou as bases para os testes de QI modernos.

O século XX assistiu a novos avanços na psicometria, a ciência da medição das capacidades e processos mentais. A Escala Wechsler de Inteligência para Adultos (WAIS), desenvolvida por David Wechsler em 1955, alargou a compreensão da inteligência ao incorporar avaliações verbais e baseadas no desempenho. Estes testes tinham como objetivo fornecer uma imagem mais abrangente das capacidades cognitivas de um indivíduo.

A intersecção da IA e do QI

Embora a IA e o QI se tenham desenvolvido por caminhos separados, a sua intersecção começou a surgir à medida que a investigação sobre IA avançava. A ideia de criar máquinas capazes de imitar a inteligência humana levou naturalmente a comparações com as capacidades cognitivas humanas, medidas pelos testes de QI. Esta intersecção tornou-se mais pronunciada com os avanços na aprendizagem automática e na computação cognitiva.

Os primeiros sistemas de IA foram avaliados com base na sua capacidade de realizar tarefas tipicamente associadas à inteligência humana, como a resolução de problemas e o raciocínio lógico. Estas tarefas são frequentemente componentes dos testes de QI, o que faz do QI uma referência útil, embora não definitiva, para o desempenho da IA. Por exemplo, os primeiros programas de IA, como o General Problem Solver (GPS), desenvolvido por Allen Newell e Herbert A. Simon no final da década de 1950, tinham como objetivo resolver uma vasta gama de problemas utilizando uma abordagem de análise de meios-fins. O desempenho destes sistemas foi frequentemente comparado com as capacidades humanas de resolução de problemas.

Realizações da IA e QI humano

À medida que os sistemas de IA se tornaram mais sofisticados, passaram a ser capazes de realizar tarefas que exigem níveis mais elevados de função cognitiva. O desenvolvimento de sistemas especializados nas décadas de 1970 e 1980 marcou um salto significativo, em que programas de IA como o MYCIN podiam diagnosticar doenças e recomendar tratamentos com base num conjunto de regras derivadas de conhecimentos humanos. Estes sistemas demonstraram que a IA podia emular aspectos específicos da inteligência humana, embora em domínios restritos.

O advento da aprendizagem automática no final do século XX revolucionou a IA ao permitir que os sistemas aprendessem com os dados e melhorassem o seu desempenho ao longo do tempo. Esta mudança aproximou a IA da imitação dos processos cognitivos humanos, uma vez que passou de sistemas baseados em regras para abordagens baseadas em dados. Entre os marcos mais importantes contam-se a vitória do Deep Blue da IBM sobre o campeão mundial de xadrez Garry Kasparov em 1997, demonstrando a capacidade da IA para dominar o pensamento estratégico complexo, uma competência frequentemente associada a um QI elevado.

Nos últimos anos, as realizações da IA continuaram a esbater as fronteiras entre a inteligência das máquinas e a inteligência humana. Em 2011, o Watson da IBM derrotou os antigos campeões Ken Jennings e Brad Rutter no programa de perguntas e respostas Jeopardy!, demonstrando a capacidade da IA para processar e compreender a linguagem natural, um aspeto fundamental da inteligência humana. Mais recentemente, o AlphaGo da DeepMind derrotou o campeão de Go, Lee Sedol, em 2016, dominando um jogo que requer um pensamento estratégico profundo e intuição.

Considerações éticas e filosóficas

A progressão histórica da IA e do QI levanta também questões éticas e filosóficas importantes. À medida que os sistemas de IA se tornam cada vez mais capazes, intensificam-se as preocupações sobre as implicações para a inteligência humana e para a sociedade. Será que os sistemas de IA acabarão por ultrapassar a inteligência humana, conduzindo a uma "explosão de inteligência"? Como deve a sociedade lidar com as implicações éticas da IA que pode reproduzir ou exceder as capacidades cognitivas humanas?

Além disso, a confiança no QI como medida da inteligência humana tem sido criticada pelas suas limitações e preconceitos. Os testes de QI têm sido contestados por não captarem todo o espetro da inteligência humana, incluindo a inteligência emocional e social. Estas críticas realçam a necessidade de uma compreensão mais holística da inteligência, tanto humana como artificial.

Relação entre a IA e a inteligência humana

A Inteligência Artificial (IA) e a inteligência humana são dois conceitos fundamentalmente diferentes, mas cada vez mais interligados. Compreender a sua relação implica explorar as suas definições, capacidades, limitações e as formas como se complementam e desafiam mutuamente.

Definir a IA e a inteligência humana

A Inteligência Artificial refere-se à criação de máquinas e software capazes de realizar tarefas que normalmente requerem a inteligência humana. Estas tarefas incluem a aprendizagem, o raciocínio, a resolução de problemas, a perceção e a compreensão de línguas. A IA divide-se em IA restrita, que se destina a tarefas específicas como o reconhecimento facial ou a tradução de línguas, e IA geral, que tem por objetivo realizar qualquer tarefa intelectual que um ser humano possa fazer.

A inteligência humana é a capacidade cognitiva inerente ao ser humano, que lhe permite aprender com a experiência, adaptar-se a novas situações, compreender ideias complexas e utilizar o raciocínio para ultrapassar desafios. Engloba vários processos cognitivos, como a memória, a resolução de problemas, a aprendizagem e a compreensão emocional, frequentemente medidos através de testes de QI (Quociente de Inteligência).

Contexto histórico e evolução

A relação entre a IA e a inteligência humana tem sido um tema de fascínio desde o início da IA enquanto domínio, em meados do século XX. Os primeiros pioneiros da IA, como Alan Turing, reflectiram sobre a possibilidade de as máquinas pensarem e propuseram o Teste de Turing para determinar a capacidade de uma máquina apresentar um comportamento inteligente equivalente ou indistinguível do de um ser humano. O objetivo inicial era replicar as funções cognitivas humanas nas máquinas, mas este objetivo revelou-se mais complexo do que o previsto, levando a ciclos de grandes expectativas seguidos de períodos de desilusão conhecidos como "Invernos da IA".

Natureza complementar da IA e da inteligência humana

A IA é excelente no processamento rápido de grandes quantidades de dados e na execução de tarefas repetitivas com elevada precisão. Pode identificar padrões e ideias a partir de dados que seriam impossíveis de discernir pelos humanos devido a limitações cognitivas e de tempo. Por exemplo, os algoritmos de IA podem analisar imagens médicas para detetar anomalias com uma precisão notável, ajudando os médicos a diagnosticar doenças com maior rapidez e exatidão.

Por outro lado, a inteligência humana caracteriza-se pela sua flexibilidade, criatividade, profundidade emocional e raciocínio ético. Os seres humanos são capazes de compreender o contexto, apreciar nuances e fazer julgamentos com base em experiências e emoções. Estas capacidades são cruciais em áreas onde a empatia, as considerações éticas e a tomada de decisões complexas são necessárias, como no aconselhamento, na liderança e em actividades criativas.

A IA a aumentar a inteligência humana

A IA tem o potencial de aumentar significativamente a inteligência humana. No sector da educação, os sistemas de aprendizagem personalizada com recurso à IA podem adaptar os conteúdos educativos às necessidades individuais dos alunos, melhorando assim a sua experiência de aprendizagem e os seus resultados. Estes sistemas analisam os progressos dos alunos, identificam as áreas em que têm dificuldades e fornecem recursos específicos para os ajudar a melhorar.

No local de trabalho, a IA pode tratar de tarefas mundanas e repetitivas, permitindo que os trabalhadores humanos se concentrem em aspectos mais complexos e criativos das suas funções. Por exemplo, no domínio jurídico, a IA pode analisar grandes quantidades de documentos jurídicos para encontrar informações relevantes, permitindo que os advogados se concentrem na elaboração de argumentos e estratégias. Nas indústrias criativas, as ferramentas de IA podem gerar ideias e ajudar no processo criativo, proporcionando aos artistas e escritores novas fontes de inspiração e alargando as possibilidades do seu trabalho.

Desafios e considerações éticas

A integração da IA com a inteligência humana também apresenta desafios significativos e considerações éticas. Uma das principais preocupações é a parcialidade dos sistemas de IA. Os algoritmos de IA são tão bons quanto os dados com que são treinados e, se esses dados forem tendenciosos, os resultados da IA também o serão. Isto pode levar a resultados injustos ou discriminatórios em áreas como a contratação, a aplicação da lei e a concessão de empréstimos.

Outro desafio é a potencial perda de postos de trabalho devido à automatização. À medida que os sistemas de IA se tornam mais capazes, é provável que substituam os trabalhadores humanos em várias indústrias, conduzindo a perturbações económicas e sociais. Para tal, são necessárias políticas e estratégias para gerir a transição, como programas de reconversão profissional e redes de segurança social para apoiar os trabalhadores deslocados.

A privacidade é outra questão crítica, uma vez que os sistemas de IA dependem frequentemente de grandes quantidades de dados pessoais para funcionarem eficazmente. Garantir que estes dados são recolhidos, armazenados e utilizados de forma ética e transparente é crucial para manter a confiança do público nas tecnologias de IA.

O futuro da IA e da inteligência humana

Olhando para o futuro, é provável que a relação entre a IA e a inteligência humana se torne ainda mais interligada. Os avanços na IA, como o desenvolvimento de algoritmos mais sofisticados de processamento da linguagem natural e de aprendizagem automática, permitirão às máquinas executar uma gama mais vasta de tarefas com maior proficiência. Isto criará novas oportunidades de colaboração entre humanos e máquinas, podendo conduzir a descobertas em domínios que vão da medicina à ciência ambiental.

Uma área de investigação interessante é o desenvolvimento de sistemas de IA capazes de compreender e reproduzir a inteligência emocional humana.

Estes sistemas poderiam revolucionar domínios como os cuidados de saúde mental, fornecendo apoio empático e personalizado aos indivíduos. No entanto, para o conseguir, serão necessários avanços significativos na nossa compreensão das emoções humanas e das capacidades da IA.

CAPÍTULO 2
A evolução da IA

Ashwani Kumar

Escola de Engenharia e Tecnologia

K. R. Mangalam University, Gurugram, Haryana, Índia

Deepak Singh

Departamento de Engenharia e Tecnologia

ABES(IT), Ghaziabad, Uttar Pradesh, Índia

Introdução

A Inteligência Artificial (IA) tem uma história rica que remonta à mitologia e filosofia antigas, onde o conceito de máquinas inteligentes e seres artificiais tem sido um tema recorrente. No entanto, o estudo e o desenvolvimento formais da IA como disciplina científica começaram em meados do século XX. Este ensaio explora os primeiros marcos e os trabalhos fundamentais que deram forma ao domínio da IA.

As bases conceptuais

As raízes da IA podem ser encontradas nos trabalhos dos filósofos clássicos que tentaram descrever o pensamento humano como uma manipulação mecânica de símbolos. Nomeadamente, a ideia de mecanizar o raciocínio foi debatida por René Descartes e, mais tarde, por Gottfried Wilhelm Leibniz, que imaginou uma linguagem universal da lógica capaz de resolver todos os problemas através da computação.

A transição da especulação filosófica para a aplicação prática começou no início do século XX com o desenvolvimento da lógica formal e da teoria da computação. A invenção da máquina de Turing por Alan Turing em 1936 foi um momento crucial. A máquina teórica de Turing podia simular a lógica de qualquer algoritmo de computador, lançando as bases para o computador moderno e a possibilidade de inteligência artificial.

A Conferência de Dartmouth e o nascimento da IA

O nascimento oficial da IA como área de estudo é frequentemente atribuído à Conferência de Dartmouth em 1956. Organizada por John McCarthy, Marvin Minsky, Nathaniel Rochester e Claude Shannon, esta conferência reuniu um grupo de investigadores para discutir a possibilidade de criar "máquinas pensantes". O termo "Inteligência Artificial" foi cunhado durante este evento. A conferência propôs que todos os aspectos da aprendizagem ou qualquer outra caraterística da inteligência poderiam, em princípio, ser descritos com tanta precisão que uma máquina poderia ser criada para os simular.

A Conferência de Dartmouth inspirou uma onda de entusiasmo e financiamento da investigação em IA. Os primeiros projectos centraram-se no desenvolvimento de programas capazes de executar tarefas consideradas como exigindo inteligência humana, como jogar xadrez, provar teoremas matemáticos e compreender a linguagem natural.

Programas e marcos iniciais da IA

Um dos primeiros programas de IA significativos foi o Logic Theorist, desenvolvido por Allen Newell e Herbert A. Simon em 1955. O Logic Theorist foi concebido para imitar as capacidades de resolução de problemas de um ser humano e foi capaz de provar 38 dos primeiros 52 teoremas dos Principia Mathematica de Whitehead e Russell, encontrando por vezes provas mais elegantes do que as publicadas pelos seus homólogos humanos.

No seguimento do teórico da lógica, Newell e Simon desenvolveram o General Problem Solver (GPS), que pretendia ser um solucionador de problemas universal, utilizando uma análise de meios-fins para reduzir a diferença entre o estado atual e o estado do objetivo. Embora o GPS não fosse muito eficiente e estivesse limitado a problemas bem definidos, representou um passo significativo para o desenvolvimento da IA de objetivo geral.

Em 1957, John McCarthy, um dos organizadores da Conferência de Dartmouth, desenvolveu a linguagem de programação LISP (List Processing). A LISP tornou-se a linguagem dominante na investigação em IA devido ao seu excelente suporte para o raciocínio simbólico e à sua flexibilidade no tratamento de funções recursivas. Continua a ter influência na investigação e desenvolvimento da IA até aos dias de hoje.

O Perceptron e as Redes Neuronais

Outro desenvolvimento fundamental nos primeiros anos da IA foi a invenção do perceptron por Frank Rosenblatt em 1957. O perceptron era um tipo de rede neural artificial inspirada no neurónio biológico. Era capaz de aprender a reconhecer padrões e a classificar dados de entrada. O trabalho de Rosenblatt lançou as bases para os desenvolvimentos posteriores das redes neuronais, apesar das limitações e críticas iniciais salientadas por Marvin Minsky e Seymour Papert no seu livro "Perceptrons", de 1969, que demonstrou as limitações dos perceptrons de camada única e diminuiu temporariamente o entusiasmo pelas redes neuronais.

Processamento de linguagem natural e sucessos iniciais

O processamento da linguagem natural (PNL) foi outro domínio de investigação inicial em IA. Este domínio tinha como objetivo permitir que as máquinas compreendessem e gerassem linguagem humana. Um dos primeiros êxitos notáveis no domínio da PNL foi o desenvolvimento do ELIZA por Joseph Weizenbaum em 1966. ELIZA era um programa simples que conseguia manter uma conversa utilizando a metodologia de correspondência e substituição de padrões para simular um psicoterapeuta Rogeriano. Embora a compreensão do ELIZA fosse superficial, demonstrou o potencial dos computadores para processar a linguagem natural e interagir com os seres humanos.

O primeiro inverno da IA

Apesar dos primeiros êxitos, o domínio da IA enfrentou desafios significativos que conduziram ao primeiro "inverno da IA" na década de 1970. Ao excesso de otimismo inicial seguiu-se um período de desilusão e de redução do financiamento. Muitos programas de IA não conseguiam ser ampliados ou generalizados para além de tarefas específicas. As limitações dos primeiros sistemas de IA, combinadas com a complexidade de criar máquinas verdadeiramente inteligentes, levaram ao ceticismo e a um declínio no apoio.

Marcos na investigação em IA

A Inteligência Artificial (IA) tem registado uma evolução fascinante desde a sua criação. Este campo, que tem como objetivo criar máquinas capazes de um comportamento inteligente, registou marcos significativos que moldaram a sua trajetória e influenciaram a sua aplicação em vários domínios. Segue-se uma exploração pormenorizada dos principais marcos da investigação em IA.

Os primórdios: Décadas de 1950 e 1960

Teste de Turing

O percurso da IA remonta à década de 1950, marcada pelo artigo seminal de Alan Turing "Computing Machinery and Intelligence" (1950). Turing propôs o famoso Teste de Turing, que continua a ser um conceito fundamental na IA. O teste avalia a capacidade de uma máquina apresentar um comportamento inteligente indistinguível do de um ser humano.

Conferência de Dartmouth

Em 1956, a Conferência de Dartmouth, organizada por John McCarthy, Marvin Minsky, Nathaniel Rochester e Claude Shannon, cunhou oficialmente o termo "Inteligência Artificial". Este evento é frequentemente considerado como o nascimento da IA como um domínio de investigação. A conferência lançou as bases para a futura investigação em IA e teve como objetivo explorar a possibilidade de criar máquinas capazes de pensar.

Programas de IA precoce

O final da década de 1950 e o início da década de 1960 assistiram ao desenvolvimento dos primeiros programas de IA. Exemplos notáveis incluem o Logic Theorist (1956), desenvolvido por Allen Newell e Herbert A. Simon, que podia provar teoremas matemáticos, e o ELIZA (1966), um programa de processamento de linguagem natural criado por Joseph Weizenbaum que simulava uma conversa com um psicoterapeuta.

A ascensão da aprendizagem automática: décadas de 1970 e 1980

Sistemas Periciais

As décadas de 1970 e 1980 testemunharam o aparecimento de sistemas especializados, concebidos para imitar as capacidades de tomada de decisão de um perito humano. Sistemas como o MYCIN (1972), desenvolvido na Universidade de Stanford, podiam diagnosticar infecções bacterianas e recomendar tratamentos. Estes sistemas marcaram um avanço significativo na IA, demonstrando aplicações práticas em domínios especializados.

Backpropagation e redes neurais

A redescoberta do algoritmo de retropropagação na década de 1980 por Geoffrey Hinton e outros foi um marco crucial nas redes neuronais. A retropropagação permitiu um treino mais eficaz das redes neuronais multicamadas, ultrapassando muitas das limitações enfrentadas pelos modelos de IA anteriores. Este avanço lançou as bases da moderna aprendizagem profunda.

Representação do conhecimento e raciocínio: anos 90

Ontologias

A década de 1990 trouxe avanços significativos na representação do conhecimento e no raciocínio. Um desenvolvimento notável foi a criação de ontologias, quadros estruturados para organizar a informação. A DARPA Agent Markup Language (DAML) e o Resource Description Framework (RDF) permitiram um intercâmbio de dados mais sofisticado e lançaram as bases para a Web Semântica.

Raciocínio automatizado

O raciocínio automatizado também registou progressos substanciais durante este período. O desenvolvimento de solucionadores SAT e os avanços na prova de teoremas permitiram aos sistemas de IA resolver problemas lógicos mais complexos. Estas ferramentas tornaram-se essenciais para aplicações no domínio da verificação de software e da conceção de hardware.

A era dos grandes dados e da aprendizagem profunda: anos 2000 e 2010

Grandes volumes de dados

A década de 2000 marcou o advento do big data, caracterizado pelo crescimento exponencial dos dados gerados pelas actividades digitais. A investigação em IA capitalizou esta vasta quantidade de dados, conduzindo a avanços significativos na aprendizagem automática e na análise de dados.

Técnicas como o agrupamento, a classificação e a regressão melhoraram drasticamente, permitindo previsões e conhecimentos mais exactos.

Aprendizagem profunda

A década de 2010 assistiu à ascensão da aprendizagem profunda, um subconjunto da aprendizagem automática que envolve redes neuronais com muitas camadas. Descobertas como o desenvolvimento do AlexNet por Alex Krizhevsky, Ilya Sutskever e Geoffrey Hinton em 2012 demonstraram o poder da aprendizagem profunda no reconhecimento de imagens. O sucesso do AlexNet na competição ImageNet estimulou o interesse e o investimento generalizados na aprendizagem profunda.

Processamento de linguagem natural

O Processamento de Linguagem Natural (PLN) também registou avanços significativos com o desenvolvimento de modelos como o Word2Vec (2013) de Tomas Mikolov e colegas, que melhoraram a capacidade das máquinas para compreender e gerar linguagem humana. Posteriormente, a introdução de modelos Transformer, nomeadamente o BERT (2018) da Google e o GPT-3 (2020) da OpenAI, revolucionou o PLN ao permitir um processamento de linguagem mais contextualmente exato e coerente.

Desenvolvimentos recentes e perspectivas futuras: década de 2020 e mais além

Aprendizagem por reforço

A aprendizagem por reforço surgiu como um paradigma poderoso para treinar sistemas de IA a tomar decisões por tentativa e erro. Entre as realizações notáveis contam-se o AlphaGo, desenvolvido pela DeepMind, que derrotou campeões humanos no complexo jogo Go. O sucesso do AlphaGo demonstrou o potencial da combinação da aprendizagem por reforço com as redes neuronais.

IA nos cuidados de saúde

A aplicação da IA nos cuidados de saúde registou progressos notáveis, em especial na imagiologia e no diagnóstico médicos. Os sistemas de IA ajudam agora a detetar doenças como o cancro e a retinopatia diabética com uma precisão comparável à dos especialistas humanos. Estes avanços prometem melhorar os resultados e a acessibilidade dos cuidados de saúde.

Sistemas autónomos

O desenvolvimento de sistemas autónomos, incluindo carros autónomos, drones e robôs, representa uma fronteira significativa na investigação em IA. Empresas como a Tesla, a Waymo e a Boston Dynamics são pioneiras nestas tecnologias, com o objetivo de revolucionar os transportes, a logística e vários outros sectores.

IA ética e governação

À medida que os sistemas de IA se integram cada vez mais na sociedade, as considerações éticas e a governação ganham relevo. Questões como a parcialidade, a transparência e a responsabilidade são fundamentais para garantir que a IA beneficia toda a humanidade. Iniciativas como as Orientações Éticas para a IA da Comissão Europeia e a investigação sobre a IA explicável (XAI) são passos para responder a estas preocupações.

Estado atual da tecnologia de IA

A Inteligência Artificial (IA) transformou-se de um conceito teórico numa pedra angular da tecnologia moderna. Nos últimos anos, este domínio registou avanços significativos, impulsionados pelo aumento do poder computacional, por grandes conjuntos de dados e por algoritmos inovadores. Atualmente, a tecnologia de IA é omnipresente, com impacto em vários sectores, incluindo os cuidados de saúde, as finanças, os transportes e o entretenimento. Este ensaio explora o estado atual da tecnologia de IA, destacando os principais desenvolvimentos, aplicações e desafios.

Principais desenvolvimentos na IA

1. Aprendizagem automática e aprendizagem profunda

A aprendizagem automática (AM), nomeadamente a aprendizagem profunda, está no centro da IA moderna. Os algoritmos de aprendizagem automática permitem que os computadores aprendam com os dados e façam previsões ou tomem decisões sem programação explícita. A aprendizagem profunda, um subconjunto da aprendizagem automática, utiliza redes neuronais com muitas camadas (redes neuronais profundas) para analisar padrões de dados complexos. Os avanços na aprendizagem profunda, como as redes neuronais convolucionais (CNN) para reconhecimento de imagens e as redes neuronais recorrentes (RNN) para dados sequenciais, revolucionaram domínios como a visão computacional e o processamento de linguagem natural.

2. Processamento de linguagem natural (PNL)

As tecnologias de PNL permitem às máquinas compreender, interpretar e gerar linguagem humana. Os avanços recentes incluem modelos como o GPT-3 da OpenAI e o BERT da Google, que estabeleceram novos padrões de referência na compreensão da linguagem. Estes modelos podem efetuar tarefas como a tradução de línguas, a análise de sentimentos e até a escrita criativa. A sua capacidade de gerar texto coerente e contextualmente relevante abriu novas possibilidades para aplicações de IA no serviço ao cliente, na criação de conteúdos e muito mais.

3. Visão computacional

A visão por computador consiste em permitir que as máquinas interpretem e tomem decisões com base em dados visuais. Os avanços neste domínio conduziram ao desenvolvimento de sistemas de reconhecimento de imagem e vídeo altamente precisos. Tecnologias como a deteção de objectos, o reconhecimento facial e a navegação autónoma de veículos dependem em grande medida de algoritmos sofisticados de visão por computador. Estes sistemas são agora capazes de identificar objectos, analisar cenas e até detetar alterações subtis no ambiente com uma precisão notável.

4. Aprendizagem por reforço

A aprendizagem por reforço (RL) centra-se no treino de agentes para tomarem uma sequência de decisões, recompensando comportamentos desejáveis e penalizando os indesejáveis. Esta abordagem tem-se revelado muito promissora em domínios que exigem tomadas de decisão complexas, como a robótica, os jogos e os sistemas autónomos. Entre as realizações notáveis contam-se o AlphaGo da DeepMind, que derrotou campeões humanos no jogo Go, e os avanços no controlo e otimização robóticos.

5. IA nos cuidados de saúde

A IA deu passos significativos nos cuidados de saúde, oferecendo soluções para diagnóstico, planeamento de tratamentos e medicina personalizada. Os algoritmos de IA podem analisar imagens médicas, prever a progressão de doenças e ajudar na descoberta de medicamentos. Por exemplo, as ferramentas de diagnóstico alimentadas por IA podem detetar doenças como o cancro ou doenças da retina a partir de exames médicos com elevada precisão. Além disso, a IA está a ser utilizada para personalizar planos de tratamento com base em dados individuais dos pacientes, melhorando os resultados e reduzindo os custos.

Aplicações da IA

1. Veículos autónomos

Uma das aplicações mais visíveis da IA é o desenvolvimento de veículos autónomos. Empresas como a Tesla, a Waymo e a Uber estão a tirar partido da IA para criar carros autónomos capazes de navegar em ambientes complexos, reconhecer obstáculos e tomar decisões em tempo real. Estes veículos utilizam uma combinação de visão computorizada, fusão de sensores e algoritmos de aprendizagem automática para garantir a segurança e a eficiência na estrada.

2. Finanças

A IA está a revolucionar o sector financeiro ao permitir a análise avançada de dados, a deteção de fraudes e a negociação algorítmica. As instituições financeiras utilizam a IA para analisar as tendências do mercado, prever os preços das acções e gerir o risco. Os chatbots e assistentes virtuais orientados para a IA também estão a melhorar o serviço ao cliente, fornecendo respostas instantâneas a questões e aconselhamento financeiro personalizado.

3. Retalho

No sector do retalho, a IA melhora as experiências dos clientes através de recomendações personalizadas, gestão de inventário e previsão da procura. Gigantes do comércio eletrónico como a Amazon e a Alibaba utilizam algoritmos de IA para sugerir produtos com base nas preferências do utilizador e no histórico de navegação. Além disso, os sistemas alimentados por IA optimizam as cadeias de abastecimento através da previsão da procura e da gestão eficiente dos níveis de stock.

4. Entretenimento

A IA está a transformar a indústria do entretenimento, permitindo a criação de conteúdos, sistemas de recomendação e experiências interactivas. Plataformas de streaming como a Netflix e o Spotify utilizam a IA para recomendar filmes, programas de televisão e música adaptados aos gostos individuais. Além disso, os conteúdos gerados por IA, como a composição musical e a conceção de jogos de vídeo, estão a tornar-se cada vez mais sofisticados, oferecendo novas formas de expressão criativa.

5. Dispositivos domésticos inteligentes

A IA é essencial para o desenvolvimento de dispositivos domésticos inteligentes que aumentam a comodidade e a segurança. Dispositivos como o Amazon Echo e o Google Home utilizam o processamento de linguagem natural para compreender e responder a comandos de voz. Os sistemas de automatização doméstica baseados em IA podem controlar a iluminação, a temperatura e os sistemas de segurança, criando ambientes de vida mais eficientes e confortáveis.

Desafios e considerações éticas

Apesar dos seus avanços, a tecnologia de IA enfrenta vários desafios e considerações éticas:

1. Preconceito e equidade

Os sistemas de IA podem herdar preconceitos dos dados com que são treinados, conduzindo a resultados injustos e discriminatórios. Abordar os preconceitos nos modelos de IA é fundamental para garantir a justiça e a igualdade, especialmente em aplicações como a contratação, o crédito e a aplicação da lei.

2. Transparência e explicabilidade

Muitos modelos de IA, especialmente os algoritmos de aprendizagem profunda, funcionam como "caixas negras" com processos de tomada de decisão complexos que são difíceis de interpretar. Garantir a transparência e a explicabilidade dos sistemas de IA é essencial para criar confiança e permitir que os utilizadores compreendam como são tomadas as decisões.

3. Privacidade e segurança

Os sistemas de IA dependem frequentemente de grandes quantidades de dados pessoais, o que suscita preocupações relativamente à privacidade e à segurança dos dados. A salvaguarda de informações sensíveis e a prevenção do acesso não autorizado são cruciais para proteger a privacidade do utilizador e manter a confiança nas aplicações de IA.

4. Utilização ética da IA

A utilização da IA em áreas sensíveis, como a vigilância, o exército e a aplicação da lei, levanta questões éticas sobre a sua potencial utilização indevida. É necessário estabelecer orientações e regulamentos claros para garantir que a IA é utilizada de forma responsável e ética.

Perspectivas futuras para a IA

A Inteligência Artificial (IA) já deu passos significativos em vários sectores, revolucionando a forma como vivemos, trabalhamos e interagimos. Ao olharmos para o futuro, o potencial da IA é vasto e promete trazer mudanças transformadoras. Esta exploração analisa as perspectivas futuras da IA, destacando os avanços tecnológicos, as aplicações em diferentes sectores, as considerações éticas e os impactos sociais mais amplos.

Avanços tecnológicos

O futuro da IA será impulsionado pelos avanços em vários domínios tecnológicos fundamentais. Um desses domínios é a aprendizagem automática, em especial a aprendizagem profunda, que permitiu aos sistemas de IA atingir níveis de precisão e eficiência sem precedentes. Os futuros desenvolvimentos neste domínio centrar-se-ão provavelmente na melhoria da escalabilidade, interpretabilidade e robustez dos modelos de IA. Por exemplo, podemos esperar redes neuronais mais sofisticadas que requerem menos dados e potência computacional para serem treinadas, tornando a IA acessível a uma gama mais vasta de aplicações.

Outra fronteira tecnológica importante é a computação quântica. Os computadores quânticos têm o potencial de resolver problemas complexos muito mais rapidamente do que os computadores clássicos, o que poderá revolucionar domínios como a criptografia, a ciência dos materiais e a descoberta de medicamentos. A integração da IA com a computação quântica poderá conduzir a descobertas atualmente inimagináveis, como a rápida otimização de redes logísticas ou o desenvolvimento de novos produtos farmacêuticos em tempo recorde.

Aplicações em todos os sectores

No futuro, a IA será cada vez mais integrada em vários sectores, aumentando a produtividade, a eficiência e a inovação. No sector da saúde, a IA continuará a melhorar os diagnósticos, a personalizar os planos de tratamento e a simplificar os processos administrativos. Os algoritmos avançados de IA poderão prever surtos de doenças, desenvolver novos protocolos de tratamento e até ajudar em procedimentos cirúrgicos complexos, salvando assim inúmeras vidas e reduzindo os custos dos cuidados de saúde.

No domínio dos transportes, a IA desempenhará um papel fundamental no desenvolvimento de veículos autónomos. Espera-se que estes veículos reduzam os acidentes de trânsito, diminuam o congestionamento e forneçam soluções de mobilidade para pessoas incapazes de conduzir. Além disso, os sistemas de gestão de tráfego baseados em IA optimizarão o fluxo de tráfego, reduzindo as emissões e melhorando as condições de vida urbana.

O sector financeiro também beneficiará dos avanços da IA. A IA pode melhorar a deteção de fraudes, otimizar estratégias de negociação e fornecer aconselhamento financeiro personalizado. À medida que os sistemas de IA se tornarem mais sofisticados, oferecerão conhecimentos mais profundos sobre as tendências do mercado e o comportamento dos consumidores, permitindo que as instituições financeiras tomem decisões mais informadas e sirvam melhor os seus clientes.

Considerações éticas

À medida que a IA continua a evoluir, levanta questões éticas e sociais importantes que têm de ser abordadas para garantir que os seus benefícios se concretizam sem consequências negativas indesejadas. Uma das principais preocupações é o potencial de enviesamento dos algoritmos de IA. Os preconceitos podem resultar de dados de treino que reflectem preconceitos existentes ou da conceção dos próprios algoritmos. O desenvolvimento futuro da IA deve dar prioridade à equidade e à inclusão, assegurando que os sistemas de IA não perpetuam ou exacerbam as desigualdades existentes.

A privacidade é outra questão ética fundamental. Os sistemas de IA dependem frequentemente de grandes quantidades de dados pessoais para funcionarem eficazmente. Garantir que estes dados são recolhidos, armazenados e utilizados de forma responsável é fundamental para manter a confiança do público. As futuras tecnologias de IA têm de incorporar técnicas robustas de preservação da privacidade, como a privacidade diferencial e a aprendizagem federada, para proteger os dados dos indivíduos e, ao mesmo tempo, permitir conhecimentos valiosos.

Impactos sociais

A integração da IA em vários aspectos da sociedade terá profundas implicações para a força de trabalho. Embora a IA tenha o potencial de automatizar muitas tarefas de rotina, também apresenta oportunidades para criar novos tipos de empregos que exigem competências técnicas avançadas. Os programas de educação e formação da mão de obra devem evoluir para preparar os indivíduos para estas novas funções. Isto inclui não só a formação técnica em IA e domínios conexos, mas também a promoção de competências transversais, como o pensamento crítico e a adaptabilidade, que são essenciais num mundo orientado para a IA.

Além disso, o impacto da IA na sociedade será moldado pela sua governação e regulamentação. Os decisores políticos devem desenvolver quadros que promovam a inovação, salvaguardando simultaneamente os interesses públicos. Isto inclui o estabelecimento de normas para a transparência, a responsabilidade e a segurança da IA. A cooperação internacional será crucial, uma vez que a natureza global do desenvolvimento da IA exige regulamentos harmonizados para enfrentar os desafios e as oportunidades transfronteiriças.

O caminho a seguir

As perspectivas futuras da IA são incrivelmente promissoras, com potencial para transformar praticamente todos os aspectos da vida humana. Para concretizar este potencial, há vários domínios fundamentais que requerem uma atenção especial:

Colaboração interdisciplinar: O desenvolvimento da IA deve envolver a colaboração de várias disciplinas, incluindo a informática, a ética, o direito e as ciências sociais. Esta abordagem interdisciplinar garantirá que as tecnologias de IA sejam desenvolvidas com uma compreensão holística das suas implicações e potencialidades.

Envolvimento do público: Envolver o público em debates sobre a IA é crucial para criar confiança e compreensão. Uma comunicação transparente sobre as capacidades e limitações da IA, bem como sobre os seus potenciais riscos e benefícios, ajudará a sociedade a navegar pelas complexidades da adoção da IA.

Aprendizagem contínua: O ritmo acelerado do desenvolvimento da IA exige uma cultura de aprendizagem e adaptação contínuas. As organizações e os indivíduos devem manter-se informados sobre os últimos avanços da IA e estar preparados para ajustar as suas estratégias e competências em conformidade.

Investigação ética em IA: É essencial investir em investigação que dê prioridade a considerações éticas. Isto inclui o desenvolvimento de sistemas de IA que sejam transparentes, explicáveis e alinhados com os valores humanos. A investigação ética em IA ajudará a mitigar os riscos e a garantir que as tecnologias de IA são utilizadas para um bem maior.

CAPÍTULO 3
Medir a inteligência humana

Ashwani Kumar

Escola de Engenharia e Tecnologia

K. R. Mangalam University, Gurugram, Haryana, Índia

Gaurav Kansal

Escola de Engenharia

ABES(IT), Ghaziabad, Uttar Pradesh, Índia

Introdução

A história e o desenvolvimento dos testes de Quociente de Inteligência (QI) reflectem a evolução da nossa compreensão da inteligência humana e as nossas tentativas de a medir quantitativamente. Desde as suas origens no final do século XIX e início do século XX, os testes de QI sofreram transformações significativas, influenciadas pelos avanços da psicologia, da educação e da ciência cognitiva.

Origens dos testes de inteligência

O conceito de medição da inteligência remonta a tempos antigos, mas os esforços sistemáticos começaram no final do século XIX. Sir Francis Galton, um polímata britânico, é frequentemente apontado como um dos pioneiros dos testes de inteligência. No seu livro "Hereditary Genius" (1869), Galton explorou a natureza hereditária da inteligência e realizou estudos sobre as capacidades humanas. Criou o primeiro laboratório antropométrico em Londres, onde mediu vários atributos físicos e sensoriais, acreditando que estavam relacionados com a capacidade intelectual. Embora os seus métodos fossem rudimentares e muitas vezes falhos, o trabalho de Galton lançou as bases para futuras investigações sobre a inteligência.

Alfred Binet e o nascimento dos modernos testes de QI

O verdadeiro início dos testes de QI modernos é atribuído a Alfred Binet, um psicólogo francês, e ao seu colaborador Théodore Simon. No início dos anos 1900, o governo francês encarregou Binet de desenvolver um método para identificar as crianças que necessitavam de assistência educativa especial. Em resposta, Binet e Simon criaram o primeiro teste prático de inteligência em 1905, conhecido como Escala Binet-Simon. Este teste avaliava várias capacidades cognitivas, como a memória, a atenção e a capacidade de resolução de problemas, através de uma série de tarefas adequadas a diferentes níveis etários.

A Escala Binet-Simon foi inovadora porque introduziu o conceito de idade mental, que comparava o desempenho de uma criança nos testes com o desempenho médio de crianças de diferentes idades. Se a idade mental de uma criança correspondesse à sua idade cronológica, considerava-se que tinha uma inteligência média. Se a sua idade mental fosse superior ou inferior, era considerada como tendo uma inteligência acima ou abaixo da média, respetivamente.

Lewis Terman e o Teste Stanford-Binet

Nos Estados Unidos, a Escala Binet-Simon chamou a atenção de Lewis Terman, um psicólogo da Universidade de Stanford. Terman reconheceu o potencial do teste e procurou adaptá-lo para uso americano. Em 1916, publicou a Escala de Inteligência Stanford-Binet, que aperfeiçoou e alargou o trabalho original de Binet. Terman introduziu a fórmula do quociente de inteligência (QI), que era calculado como o rácio entre a idade mental e a idade cronológica, multiplicado por 100 (QI = (idade mental/idade cronológica) x 100). Esta fórmula forneceu uma medida padronizada de inteligência que podia ser comparada entre indivíduos.

O teste Stanford-Binet tornou-se o padrão para testes de inteligência nos Estados Unidos e foi amplamente utilizado em ambientes educacionais, militares e na investigação psicológica. O trabalho de Terman também contribuiu para o desenvolvimento do campo da psicometria, que se centra na medição de atributos psicológicos.

As escalas Wechsler

Nas décadas de 1930 e 1940, David Wechsler, um psicólogo romeno-americano, introduziu uma nova série de testes de inteligência que se tornaria muito influente. Wechsler desenvolveu a Escala de Inteligência de Wechsler para Adultos (WAIS) em 1955 e a Escala de Inteligência de Wechsler para Crianças (WISC) em 1949. Ao contrário do teste Stanford-Binet, que fornecia uma única pontuação de QI, as escalas de Wechsler ofereciam uma avaliação mais abrangente, gerando várias pontuações que representavam diferentes domínios cognitivos, como a compreensão verbal, o raciocínio percetivo, a memória de trabalho e a velocidade de processamento.

A abordagem de Wechsler reconheceu que a inteligência é multifacetada e que uma única pontuação pode não captar toda a gama de capacidades cognitivas de um indivíduo. As escalas de Wechsler também introduziram o conceito de QI de desvio, que comparava o desempenho de um indivíduo com o desempenho médio da amostra normativa, ajustado à idade.

Avanços nas Teorias Cognitivas e no Desenvolvimento de Testes

Em meados do século XX, registaram-se avanços significativos na psicologia cognitiva, que influenciaram o desenvolvimento de testes de inteligência mais sofisticados. Investigadores como Raymond Cattell e John Horn propuseram teorias que distinguiam entre diferentes tipos de inteligência, como a inteligência fluida (a capacidade de resolver problemas novos) e a inteligência cristalizada (conhecimento adquirido através da experiência). Estas teorias levaram à criação de testes que visavam medir capacidades cognitivas específicas em vez de um fator de inteligência geral.

Um desenvolvimento notável foi a teoria de Cattell-Horn-Carroll (CHC), que integrou vários modelos de inteligência num quadro abrangente. Esta teoria identificou capacidades cognitivas amplas e restritas e forneceu uma base para o desenvolvimento de testes que pudessem avaliar uma vasta gama de competências mentais. Testes como os Testes de Habilidades Cognitivas Woodcock-Johnson foram concebidos com base na teoria CHC, oferecendo um perfil detalhado dos pontos fortes e fracos cognitivos de um indivíduo.

Testes de QI contemporâneos e aplicações

Nas últimas décadas, os testes de QI têm continuado a evoluir, influenciados pelos avanços da neurociência, da psicometria e da tecnologia. Os testes de inteligência modernos incorporam técnicas estatísticas sofisticadas e métodos de teste computorizados para aumentar a fiabilidade e a validade. Testes como a Kaufman Assessment Battery for Children (KABC) e as Differential Ability Scales (DAS) fornecem avaliações abrangentes das capacidades cognitivas, tendo em conta a diversidade cultural e linguística.

A aplicação dos testes de QI também se expandiu para além dos contextos educativos e clínicos. No mercado de trabalho, os testes de QI são utilizados para seleção de trabalhadores, identificação de talentos e desenvolvimento de carreiras. Na investigação, servem como ferramentas para estudar as relações entre inteligência, genética e factores ambientais. Além disso, os testes de QI desempenham um papel no diagnóstico e na compreensão de várias condições psicológicas e neurológicas.

Críticas e considerações éticas

Apesar da sua utilização generalizada, os testes de QI têm sido objeto de críticas e preocupações éticas. Uma das principais críticas é que os testes de QI podem ser tendenciosos em relação a determinados grupos culturais e socioeconómicos, perpetuando potencialmente as desigualdades sociais. Os esforços para resolver estes enviesamentos incluem o desenvolvimento de testes culturalmente justos e a utilização de múltiplos métodos de avaliação para proporcionar uma compreensão mais holística das capacidades de um indivíduo.

Além disso, a interpretação e a utilização dos resultados de QI devem ser abordadas com cautela. A inteligência é uma construção complexa e multifacetada que não pode ser totalmente captada por um único número. Os psicólogos sublinham a importância de considerar factores contextuais, como a motivação, a personalidade e as influências ambientais, ao interpretar os resultados dos testes de QI.

A ciência da psicometria

A psicometria, um campo multidisciplinar situado na intersecção da psicologia e da estatística, serve de base para medir vários atributos, traços e capacidades psicológicas. Ao empregar métodos rigorosos baseados na análise estatística, a psicometria oferece uma visão inestimável do comportamento humano e da cognição.

Na sua essência, a psicometria procura quantificar e avaliar construções psicológicas como a inteligência, os traços de personalidade, as aptidões, as atitudes e as capacidades. No centro da avaliação psicométrica está a noção de fiabilidade e validade - dois conceitos fundamentais que sustentam a credibilidade e a utilidade das medições psicológicas. A fiabilidade refere-se à consistência e estabilidade dos resultados da medição ao longo do tempo e em diferentes contextos. Por outro lado, a validade diz respeito à medida em que um instrumento de medição avalia com exatidão a construção psicológica pretendida.

A história da psicometria remonta ao final do século XIX, quando Sir Francis Galton foi pioneiro no desenvolvimento de instrumentos psicométricos para medir as faculdades humanas, como a inteligência. O trabalho de Galton lançou as bases para os avanços subsequentes neste domínio, culminando com as contribuições seminais de pioneiros como Charles Spearman, que introduziu o conceito de "g" ou inteligência geral, e Louis Thurstone, que propôs a teoria das inteligências múltiplas.

Uma das ferramentas psicométricas mais utilizadas é o teste do quociente de inteligência (QI), que tem por objetivo quantificar as capacidades cognitivas de um indivíduo relativamente aos seus pares. O teste de QI inclui normalmente vários subtestes que avaliam diferentes domínios cognitivos, incluindo o raciocínio verbal, a capacidade matemática, a visualização espacial e o raciocínio lógico. Através de procedimentos padronizados de administração e pontuação, os testes de QI fornecem informações valiosas sobre as proezas intelectuais, o potencial educativo e os pontos fortes e fracos cognitivos de um indivíduo.

A avaliação da personalidade representa outro domínio proeminente da psicometria, com inventários de personalidade como o Myers-Briggs Type Indicator (MBTI) e os Cinco Grandes Traços de Personalidade a servirem como ferramentas de avaliação populares. O MBTI categoriza os indivíduos em tipos de personalidade distintos com base em quatro dimensões dicotómicas: extroversão vs. introversão, sensorialidade vs. intuição, pensamento vs. sentimento e julgamento vs. perceção. Em contrapartida, o modelo Big Five engloba cinco grandes dimensões da personalidade: abertura à experiência, conscienciosidade, extroversão, agradabilidade e neuroticismo.

As propriedades psicométricas destas ferramentas de avaliação, incluindo a sua fiabilidade e validade, são sujeitas a um escrutínio rigoroso para garantir a sua precisão e eficácia na captação das nuances da personalidade humana. Além disso, os avanços nos testes adaptativos computorizados (CAT) revolucionaram o campo da psicometria, permitindo experiências de avaliação personalizadas, adaptadas às capacidades e características individuais dos participantes.

Para além da avaliação individual, a psicometria tem uma aplicação generalizada em contextos educativos, na prática clínica, no rastreio de emprego e em actividades de investigação. Na educação, as avaliações psicométricas desempenham um papel fundamental na aferição da aptidão académica dos alunos, na identificação de dificuldades de aprendizagem e na definição de estratégias de ensino. Do mesmo modo, na psicologia clínica, os instrumentos psicométricos ajudam a diagnosticar perturbações da saúde mental, a avaliar o progresso do tratamento e a prever resultados comportamentais.

Além disso, a psicometria desempenha um papel crucial no domínio da psicologia industrial-organizacional, onde facilita a seleção, a colocação e o desenvolvimento dos trabalhadores nas organizações. As avaliações de emprego, tais como testes de capacidade cognitiva, inventários de personalidade e testes de julgamento situacional, ajudam os empregadores a tomar decisões de contratação informadas, a prever o desempenho profissional e a promover a eficácia organizacional.

Em contextos de investigação, a psicometria serve de pedra angular para desenvolver e validar novos instrumentos de medição, avaliar as propriedades psicométricas dos instrumentos existentes e realizar investigações empíricas sobre vários fenómenos psicológicos. As metodologias psicométricas robustas, incluindo a análise fatorial, a teoria da resposta ao item e a modelação de equações estruturais, permitem aos investigadores avaliar rigorosamente a fiabilidade, a validade e a dimensionalidade dos constructos psicológicos.

No entanto, apesar das suas inúmeras aplicações e contributos para o campo da psicologia, a psicometria não está isenta de limitações e controvérsias. As críticas às avaliações psicométricas incluem preocupações relativas a preconceitos culturais, falta de validade ecológica, simplificação excessiva de constructos complexos e a natureza reducionista da medição quantitativa. Além disso, persistem debates sobre a natureza da inteligência e da personalidade, com alguns académicos a defenderem uma compreensão mais holística e sensível ao contexto do comportamento humano.

Diferentes modelos de inteligência

A inteligência é um conceito complexo e multifacetado que tem intrigado académicos, psicólogos e filósofos durante séculos. Embora a visão tradicional da inteligência se centre frequentemente em capacidades cognitivas como a resolução de problemas e o raciocínio lógico, a investigação contemporânea alargou a nossa compreensão de modo a abranger uma gama diversificada de capacidades cognitivas, emocionais e sociais. Esta perspetiva alargada levou ao desenvolvimento de vários modelos de inteligência, cada um deles oferecendo uma visão única sobre a forma como percepcionamos e medimos este aspeto fundamental da natureza humana. Nesta exploração, vamos aprofundar alguns dos modelos mais proeminentes de inteligência, examinando os seus princípios-chave, aplicações e implicações para a compreensão da cognição humana.

A Abordagem Psicométrica: A abordagem psicométrica da inteligência, talvez o modelo mais conhecido, enfatiza a medição das capacidades cognitivas através de testes padronizados. Com origem no trabalho de psicólogos como Charles Spearman e Alfred Binet, esta abordagem procura quantificar a inteligência utilizando métricas como as pontuações de QI derivadas de avaliações como a Escala de Inteligência Wechsler para Adultos (WAIS) ou as Escalas de Inteligência Stanford-Binet. Estes testes medem normalmente vários domínios cognitivos, como a compreensão verbal, o raciocínio percetivo, a memória de trabalho e a velocidade de processamento. O modelo psicométrico parte do princípio de que a inteligência é um traço estável que pode ser medido de forma fiável e comparado entre indivíduos, embora os críticos argumentem que estas avaliações podem ser culturalmente tendenciosas e não conseguem captar todo o espetro das capacidades cognitivas humanas.

A teoria das inteligências múltiplas: Ao contrário da visão unitária da inteligência proposta pelos psicometristas, Howard Gardner introduziu a teoria das inteligências múltiplas na década de 1980, sugerindo que a inteligência não é uma entidade singular, mas sim um conjunto diversificado de capacidades distintas. Gardner propôs sete inteligências primárias: linguística, lógico-matemática, espacial, corporal-cinestésica, musical, interpessoal e intrapessoal, cada uma representando diferentes formas de os indivíduos perceberem, compreenderem e interagirem com o mundo. Este modelo reconhece a riqueza e a diversidade da cognição humana, realçando os talentos e pontos fortes únicos que os indivíduos possuem em vários domínios. A teoria de Gardner influenciou as práticas educativas, defendendo abordagens de aprendizagem personalizadas que atendem às diversas inteligências e estilos de aprendizagem dos alunos.

Inteligência emocional (QE): No final do século XX, os psicólogos Peter Salovey e John Mayer introduziram o conceito de inteligência emocional, salientando a importância da consciência emocional, da regulação e das competências interpessoais no comportamento humano. Com base neste trabalho, Daniel Goleman popularizou a noção de QE no seu livro bestseller "Inteligência Emocional", propondo que as competências emocionais são essenciais para o sucesso em várias áreas da vida, incluindo as relações, a liderança e a tomada de decisões. O modelo de QE inclui quatro componentes-chave: auto-consciência, auto-gestão, consciência social e gestão de relações. Os indivíduos com elevada inteligência emocional demonstram empatia, resiliência e capacidades de comunicação eficazes, o que lhes permite navegar em situações sociais e gerir as suas emoções de forma mais eficaz.

A Teoria Triárquica da Inteligência: Desenvolvida pelo psicólogo Robert Sternberg, a teoria triárquica da inteligência postula que a inteligência consiste em três aspectos inter-relacionados: inteligência analítica, inteligência criativa e inteligência prática. A inteligência analítica envolve a resolução de problemas e as capacidades de raciocínio lógico, avaliadas pelos testes de QI tradicionais. A inteligência criativa refere-se à capacidade de gerar ideias novas, pensar de forma inovadora e abordar os problemas de ângulos não convencionais. A inteligência prática, também conhecida como "inteligência de rua", engloba a capacidade de se adaptar a situações do mundo real, aplicar eficazmente os conhecimentos e ter sucesso na vida quotidiana. O modelo de Sternberg realça a importância de considerar os factores contextuais e a aplicação no mundo real ao avaliar a inteligência, destacando as diversas formas através das quais os indivíduos demonstram competência intelectual.

A Teoria da Inteligência de Sucesso: Expandindo a teoria triárquica, Sternberg introduziu o conceito de inteligência de sucesso, que engloba a capacidade de atingir os objectivos de uma pessoa na vida, capitalizando os seus pontos fortes e compensando os pontos fracos. De acordo com este modelo, a inteligência de sucesso envolve três componentes: capacidades analíticas, criativas e práticas, bem como a capacidade de se adaptar, moldar e selecionar os ambientes que melhor se adequam às necessidades e objectivos de cada um. Ao contrário das medidas tradicionais de QI, que se centram principalmente nas capacidades analíticas, a inteligência de sucesso incorpora um leque mais vasto de factores cognitivos e não cognitivos que contribuem para o funcionamento adaptativo e o sucesso no mundo real. Este modelo realça a interação dinâmica entre as capacidades individuais e os contextos ambientais na determinação da inteligência e da realização.

Limitações e críticas aos testes de QI

Os testes de Quociente de Inteligência (QI) têm sido uma pedra angular no campo da psicologia há mais de um século, servindo como medida das capacidades e do potencial cognitivo. No entanto, apesar da sua utilização generalizada e popularidade, os testes de QI têm sido objeto de escrutínio e críticas significativas ao longo dos anos.

Uma das principais críticas feitas aos testes de QI é o seu enviesamento cultural. Os testes de QI tradicionais são muitas vezes desenvolvidos e normalizados em populações específicas, principalmente em sociedades ocidentais, educadas, industrializadas, ricas e democráticas (WEIRD). Este preconceito pode manifestar-se de várias formas, incluindo barreiras linguísticas, disparidades socioeconómicas e diferenças culturais na compreensão dos itens do teste. Por exemplo, uma pergunta que se baseia no conhecimento de uma determinada referência cultural pode prejudicar indivíduos de diferentes origens culturais, levando a avaliações incorrectas da inteligência.

Além disso, os testes de QI tendem a favorecer certas capacidades cognitivas em detrimento de outras, em especial as que são facilmente quantificáveis, como as capacidades matemáticas e verbais. Este enfoque restrito em domínios específicos da inteligência não tem em conta a diversidade das capacidades cognitivas humanas, incluindo a criatividade, a inteligência emocional e as capacidades de resolução de problemas práticos. Consequentemente, os testes de QI podem não conseguir captar todo o espetro da inteligência humana, levando a uma compreensão limitada das capacidades intelectuais de um indivíduo.

Outra crítica aos testes de QI é a sua falta de validade preditiva para além de determinados contextos. Embora as pontuações de QI tenham sido, até certo ponto, correlacionadas com o desempenho académico e o sucesso profissional, nem sempre são indicadores fiáveis do desempenho no mundo real. Factores como a motivação, o contexto socioeconómico e as influências ambientais podem ter um impacto significativo na capacidade de sucesso de um indivíduo, independentemente da sua pontuação de QI. Além disso, os testes de QI podem não prever com precisão o sucesso em domínios não tradicionais ou não convencionais, onde outros factores como a criatividade, a adaptabilidade e a resiliência emocional desempenham um papel mais significativo.

Além disso, os testes de QI têm sido criticados pela sua visão estática da inteligência. Os testes de QI tradicionais medem normalmente a inteligência como um traço fixo e estável, assumindo que os indivíduos possuem um nível consistente de capacidades cognitivas ao longo das suas vidas. No entanto, a investigação em psicologia do desenvolvimento demonstrou que a inteligência é dinâmica e maleável, influenciada por factores como a educação, a experiência e a estimulação ambiental. Esta visão dinâmica da inteligência desafia a noção de QI como uma medida estática e levanta questões sobre a validade da utilização de testes de QI como uma medida definitiva do potencial intelectual de uma pessoa.

Para além destas críticas, os testes de QI têm sido acusados de perpetuar estereótipos e de estigmatizar determinados grupos. Historicamente, os testes de QI têm sido mal utilizados para justificar práticas discriminatórias, como a eugenia, a segregação racial e as políticas de imigração selectiva. Ainda hoje, a utilização de testes de QI em contextos educativos pode levar à rotulagem e ao rastreio dos alunos com base na inteligência percebida, reforçando as desigualdades e limitando as oportunidades de crescimento académico e pessoal.

Além disso, a confiança nos testes de QI como medida da inteligência pode ter implicações profundas na autoestima e na auto-perceção dos indivíduos. Os indivíduos que obtêm baixas pontuações de QI podem interiorizar estes resultados como um reflexo do seu valor intrínseco, levando a sentimentos de inadequação e insegurança. Por outro lado, os indivíduos com elevadas pontuações de QI podem desenvolver um sentimento de superioridade ou de direito, potencialmente prejudicando a sua capacidade de empatia com os outros e de colaborar eficazmente.

Embora os testes de QI tenham sido um instrumento valioso para avaliar as capacidades cognitivas, não estão isentos de limitações e críticas. O enviesamento cultural, o enfoque restrito, a falta de validade preditiva, a visão estática da inteligência, a perpetuação de estereótipos e o impacto na autoestima estão entre as preocupações mais significativas associadas aos testes de QI. À medida que continuamos a esforçar-nos por obter uma compreensão mais abrangente da inteligência humana, é essencial reconhecer estas limitações e explorar abordagens alternativas que reconheçam a diversidade e a complexidade da cognição humana. Só assim poderemos avançar para uma sociedade mais inclusiva e equitativa que valorize e celebre todo o potencial humano.

CAPÍTULO 4
IA e computação cognitiva

Sudesh Singh

Departamento de Informática

NIET, Greater Noida, Uttar Pradesh, Índia

Ashwani Kumar

Escola de Engenharia e Tecnologia

K. R. Mangalam University, Gurugram, Haryana, Índia

Introdução

A computação cognitiva representa uma mudança de paradigma no domínio da inteligência artificial (IA), com o objetivo de imitar capacidades cognitivas semelhantes às humanas para processar grandes quantidades de dados e tomar decisões semelhantes aos processos de pensamento humano. Na sua essência, a computação cognitiva combina várias técnicas de IA, incluindo a aprendizagem automática, o processamento de linguagem natural (PNL), a visão computacional e o raciocínio, para criar sistemas capazes de compreender, raciocinar e aprender com conjuntos de dados complexos.

Compreender a computação cognitiva

Os sistemas de computação cognitiva são concebidos para emular a forma como o cérebro humano funciona, permitindo-lhes compreender dados não estruturados, raciocinar através deles e aprender com eles ao longo do tempo. Ao contrário dos sistemas informáticos tradicionais, que se baseiam em regras predefinidas e dados estruturados, os sistemas cognitivos podem processar informações não estruturadas, como texto, imagens e dados sensoriais, para obter informações significativas.

Principais componentes da computação cognitiva

Aprendizagem automática: Os algoritmos de aprendizagem automática constituem a espinha dorsal dos sistemas de computação cognitiva. Estes algoritmos permitem que os computadores aprendam com a experiência e melhorem o seu desempenho ao longo do tempo sem serem explicitamente programados. A aprendizagem supervisionada, a aprendizagem não supervisionada e a aprendizagem por reforço são tipos comuns de técnicas de aprendizagem automática utilizadas na computação cognitiva.

Processamento de linguagem natural (PNL): A PNL permite que os computadores compreendam e interpretem a linguagem humana de uma forma contextualmente relevante. Esta capacidade permite aos sistemas cognitivos analisar dados textuais, extrair significado e gerar respostas semelhantes às humanas. As técnicas de PNL incluem análise de texto, análise de sentimentos, reconhecimento de entidades e tradução de línguas.

Visão por computador: A visão computacional permite que as máquinas interpretem e compreendam informações visuais de imagens ou vídeos. Os sistemas de computação cognitiva utilizam algoritmos de visão computacional para identificar objectos, reconhecer rostos e analisar cenas, abrindo uma vasta gama de aplicações em domínios como os cuidados de saúde, os veículos autónomos e a vigilância.

Raciocínio e tomada de decisões: Os sistemas cognitivos incorporam mecanismos de raciocínio que lhes permitem tirar conclusões lógicas e tomar decisões informadas com base nas provas disponíveis. Combinando informações baseadas em dados com conhecimentos contextuais, estes sistemas podem simular processos de raciocínio semelhantes aos humanos, permitindo-lhes resolver problemas complexos e fazer previsões.

Aplicações da computação cognitiva

A computação cognitiva encontra aplicações em vários sectores e domínios, revolucionando a forma como as empresas funcionam, como os cuidados de saúde são prestados e como a sociedade funciona. Algumas aplicações notáveis incluem:

Cuidados de saúde: A computação cognitiva está a transformar os cuidados de saúde, ajudando no diagnóstico médico, no planeamento de tratamentos personalizados e na descoberta de medicamentos. Ao analisar dados de pacientes, registos médicos e literatura de investigação, os sistemas cognitivos podem ajudar os profissionais de saúde a fazer diagnósticos mais precisos e a desenvolver planos de tratamento personalizados.

Finanças: No sector financeiro, a computação cognitiva é utilizada para a deteção de fraudes, avaliação de riscos, negociação algorítmica e automatização do serviço ao cliente. Ao analisar dados de mercado, históricos de transacções e interacções com clientes, os sistemas cognitivos podem identificar padrões, detetar anomalias e otimizar processos financeiros.

Serviço ao cliente: A computação cognitiva potencia os assistentes virtuais e os chatbots que fornecem apoio e assistência personalizados ao cliente. Ao compreender as consultas de linguagem natural e o contexto, estes sistemas podem envolver-se em conversas semelhantes às humanas, responder a perguntas e resolver problemas em tempo real, melhorando a experiência do cliente.

Educação: Na educação, a computação cognitiva é utilizada para a aprendizagem personalizada, tutoria adaptativa e geração de conteúdos educativos. Ao analisar os dados de desempenho dos alunos e as suas preferências de aprendizagem, os sistemas cognitivos podem adaptar os materiais educativos e as estratégias de ensino para satisfazer as necessidades individuais, melhorando os resultados da aprendizagem.

Desafios e considerações

Apesar do seu potencial transformador, a computação cognitiva apresenta também vários desafios e considerações que têm de ser abordados:

Privacidade e segurança dos dados: A utilização de dados sensíveis na computação cognitiva suscita preocupações em matéria de privacidade e segurança. Garantir a conformidade com os regulamentos de proteção de dados e implementar medidas de segurança robustas é essencial para salvaguardar as informações dos utilizadores.

Utilização ética da IA: Os sistemas cognitivos devem ser concebidos e implementados de forma ética para mitigar o risco de parcialidade, discriminação e consequências não intencionais. Considerações éticas como transparência, justiça e responsabilidade devem ser priorizadas durante todo o ciclo de vida do desenvolvimento.

Interpretabilidade e explicabilidade: Compreender como os sistemas cognitivos chegam às suas decisões é fundamental para criar confiança e aceitação entre os utilizadores. Melhorar a interpretabilidade e a explicabilidade dos modelos de IA pode ajudar as partes interessadas a compreender a lógica subjacente aos resultados algorítmicos e a detetar potenciais enviesamentos ou erros.

Colaboração Homem-IA: A computação cognitiva deve aumentar as capacidades humanas em vez de as substituir totalmente. A promoção da colaboração entre humanos e sistemas de IA pode potenciar os pontos fortes de ambos, conduzindo a processos mais eficazes de resolução de problemas e de tomada de decisões.

Perspectivas futuras

O futuro da computação cognitiva encerra um imenso potencial de inovação e progresso. À medida que as tecnologias de IA continuam a evoluir, os sistemas cognitivos tornar-se-ão mais sofisticados, capazes de uma compreensão mais profunda, de um raciocínio mais matizado e de uma aprendizagem mais adaptativa. Áreas como a computação quântica, a computação neuromórfica e a investigação interdisciplinar são promissoras para desbloquear novas fronteiras na computação cognitiva e alargar os limites da inteligência artificial e humana.

Técnicas de IA na computação cognitiva

A computação cognitiva representa uma abordagem revolucionária à resolução de problemas e à tomada de decisões, imitando a capacidade do cérebro humano para processar grandes quantidades de dados, compreender a linguagem natural e aprender com a experiência. No centro da computação cognitiva está a inteligência artificial (IA), que engloba uma gama diversificada de técnicas e metodologias destinadas a reproduzir funções cognitivas semelhantes às humanas. Nesta exploração das técnicas de IA na computação cognitiva, aprofundamos as principais metodologias que fazem avançar este domínio, as suas aplicações e as implicações para vários sectores.

Aprendizagem automática: A aprendizagem automática é talvez a técnica de IA mais proeminente utilizada na computação cognitiva. Envolve algoritmos que permitem aos computadores aprender a partir de dados e fazer previsões ou tomar decisões sem serem explicitamente programados. A aprendizagem supervisionada, a aprendizagem não supervisionada e a aprendizagem por reforço são os três principais tipos de técnicas de aprendizagem automática.

Os algoritmos de aprendizagem supervisionada aprendem com dados rotulados, em que cada entrada é emparelhada com a saída correcta correspondente. Estes algoritmos são utilizados para tarefas como a classificação e a regressão. Por exemplo, no sector da saúde, os algoritmos de aprendizagem supervisionada podem ser treinados para diagnosticar doenças com base nos sintomas e no historial médico do paciente.

Os algoritmos de aprendizagem não supervisionada, por outro lado, aprendem com dados não rotulados e descobrem padrões ou estruturas ocultas nos dados. O agrupamento e a redução da dimensionalidade são aplicações comuns da aprendizagem não supervisionada. Em finanças, os algoritmos de aprendizagem não supervisionada podem identificar grupos de transacções financeiras semelhantes para efeitos de deteção de fraudes.

A aprendizagem por reforço é um tipo de aprendizagem automática em que um agente aprende a interagir com um ambiente realizando acções e recebendo recompensas ou penalizações. Através de tentativa e erro, o agente aprende a maximizar as recompensas acumuladas ao longo do tempo. A aprendizagem por reforço tem sido aplicada com sucesso em robótica, jogos e sistemas autónomos.

Processamento de linguagem natural (PNL): O processamento de linguagem natural é outra técnica de IA fundamental na computação cognitiva, centrando-se na capacidade de os computadores compreenderem, interpretarem e gerarem linguagem humana. O PNL engloba várias tarefas, incluindo o reconhecimento da fala, a tradução de línguas, a análise de sentimentos e o resumo de textos.

Os sistemas de reconhecimento de voz transcrevem a linguagem falada para texto, permitindo aos utilizadores interagir com dispositivos através de comandos de voz. Empresas como a Amazon, a Google e a Apple integraram o reconhecimento de voz em assistentes virtuais como a Alexa, o Google Assistant e a Siri, melhorando a experiência do utilizador e a acessibilidade.

Os sistemas de tradução de línguas traduzem o texto ou o discurso de uma língua para outra, quebrando as barreiras linguísticas e facilitando a comunicação entre diferentes contextos linguísticos. Google Translate, Microsoft Translator e DeepL são alguns dos exemplos proeminentes de tecnologia de tradução de línguas.

A análise de sentimentos envolve a análise de dados de texto para determinar o sentimento ou a emoção expressa pelo autor. As ferramentas de monitorização das redes sociais utilizam a análise de sentimentos para avaliar a opinião pública sobre produtos, marcas ou eventos, ajudando as empresas a tomar decisões informadas e a gerir a sua reputação.

Os algoritmos de resumo de texto condensam grandes volumes de texto em resumos concisos, extraindo as informações mais importantes e preservando o significado original. A sumarização de texto tem aplicações na recuperação de informações, na sumarização de documentos e na agregação de notícias.

Visão por computador: A visão computacional é um ramo da IA que permite aos computadores interpretar e compreender informações visuais do mundo real. Ao analisar imagens ou vídeos digitais, os sistemas de visão por computador podem reconhecer objectos, detetar padrões e extrair conhecimentos significativos.

Os algoritmos de deteção de objectos identificam e localizam objectos numa imagem ou num fotograma de vídeo, fornecendo informações valiosas para aplicações como a condução autónoma, a vigilância e o seguimento de objectos. Empresas como a Tesla e a Waymo utilizam a tecnologia de deteção de objectos nos seus carros de condução autónoma para detetar peões, veículos e obstáculos na estrada.

Os algoritmos de classificação de imagens categorizam as imagens em classes ou categorias predefinidas com base no seu conteúdo visual. A classificação de imagens é utilizada em vários domínios, incluindo imagiologia médica, agricultura e retalho. Por exemplo, na agricultura, os algoritmos de classificação de imagens podem analisar imagens de drones para identificar doenças das culturas ou monitorizar a saúde das culturas.

Os sistemas de reconhecimento facial identificam e verificam indivíduos com base nas suas características faciais. Estes sistemas têm diversas aplicações, desde a segurança e a aplicação da lei até à autenticação do utilizador e ao marketing personalizado. No entanto, as preocupações com a privacidade e a segurança dos dados suscitaram debates sobre a utilização ética da tecnologia de reconhecimento facial.

Os algoritmos de geração de imagens criam novas imagens que se assemelham a fotografias ou obras de arte reais. As redes adversariais generativas (GAN) são uma abordagem popular à geração de imagens, em que duas redes neuronais, o gerador e o discriminador, competem entre si para produzir imagens realistas. A geração de imagens tem aplicações na arte digital, no design e no entretenimento.

Aprendizagem profunda: A aprendizagem profunda é um subconjunto da aprendizagem automática que utiliza redes neuronais artificiais com várias camadas (redes neuronais profundas) para modelar padrões e relações complexos nos dados. A aprendizagem profunda alcançou um sucesso notável em várias tarefas de computação cognitiva, ultrapassando as abordagens tradicionais de aprendizagem automática em muitos casos.

As redes neurais convolucionais (CNN) são um tipo de rede neural profunda particularmente adequada para o processamento e análise de dados visuais. As CNNs revolucionaram as tarefas de visão computacional, como o reconhecimento de imagens, a deteção de objectos e a segmentação de imagens. As aplicações vão desde o diagnóstico médico por imagem até aos sistemas de navegação autónoma.

As redes neuronais recorrentes (RNN) são outro tipo de redes neuronais profundas normalmente utilizadas para o processamento de dados sequenciais, como o processamento de linguagem natural e a previsão de séries temporais. As RNNs têm células de memória que lhes permitem captar dependências temporais nos dados de entrada, o que as torna adequadas para tarefas como o reconhecimento de voz e a modelação de linguagem.

Os modelos generativos, incluindo os autoencoders variacionais (VAEs) e as redes adversariais generativas (GANs), são arquitecturas de aprendizagem profunda capazes de gerar novas amostras de dados com características semelhantes às dos dados de treino. Os modelos generativos têm aplicações na geração de imagens, geração de texto e composição musical, entre outras.

A aprendizagem por transferência é uma técnica de aprendizagem profunda em que um modelo treinado numa tarefa ou num conjunto de dados é adaptado para ser utilizado numa tarefa ou num conjunto de dados relacionados com um mínimo de formação adicional. A aprendizagem por transferência permite a reutilização de modelos pré-treinados, poupando tempo e recursos computacionais. Por exemplo, os modelos de linguagem pré-treinados, como o GPT (Generative Pre-trained Transformer) da OpenAI, podem ser ajustados para tarefas específicas de processamento de linguagem natural, como a classificação de texto ou a tradução de línguas.

Aplicações da IA cognitiva em vários domínios

A Inteligência Artificial (IA) cognitiva está a revolucionar a forma como interagimos com a tecnologia e a resolver problemas complexos em vários domínios. Ao contrário dos sistemas de IA tradicionais, que se baseiam em regras e algoritmos predefinidos, os sistemas de IA cognitiva imitam a capacidade do cérebro humano para raciocinar, aprender e adaptar-se a novas informações. Esta tecnologia revolucionária está a abrir novas possibilidades em domínios que vão dos cuidados de saúde às finanças, à educação e muito mais.

Uma das aplicações mais promissoras da IA cognitiva é o sector da saúde. Os prestadores de cuidados de saúde estão a tirar partido dos sistemas de IA cognitiva para melhorar os cuidados aos doentes, a precisão dos diagnósticos e os resultados dos tratamentos. Estes sistemas podem analisar grandes quantidades de dados médicos, incluindo registos de pacientes, resultados laboratoriais e exames imagiológicos, para identificar padrões e tendências que os clínicos humanos poderiam ignorar. Por exemplo, o Watson for Oncology da IBM utiliza a IA cognitiva para ajudar os oncologistas a diagnosticar e tratar o cancro, analisando os dados dos pacientes e recomendando planos de tratamento personalizados com base na investigação médica mais recente.

Para além do diagnóstico e do tratamento, a IA cognitiva está também a transformar a administração e as operações dos cuidados de saúde. As organizações de cuidados de saúde estão a utilizar chatbots e assistentes virtuais com IA cognitiva para agilizar a marcação de consultas, responder a perguntas dos pacientes e gerir registos de saúde electrónicos. Estes sistemas aumentam a eficiência, reduzem os encargos administrativos e melhoram a experiência geral do paciente.

Outro domínio que beneficia da IA cognitiva é o financeiro. Os bancos e as instituições financeiras estão a utilizar sistemas de IA cognitiva para detetar actividades fraudulentas, gerir riscos e melhorar o serviço ao cliente. Estes sistemas podem analisar dados de transacções em tempo real para identificar padrões suspeitos e assinalar transacções potencialmente fraudulentas antes de estas ocorrerem. Além disso, os chatbots e assistentes virtuais com IA cognitiva estão a ser utilizados para fornecer aconselhamento financeiro personalizado, ajudar na gestão de contas e responder a questões dos clientes, melhorando a sua satisfação e retenção.

No domínio da educação, a IA cognitiva está a revolucionar a forma como os alunos aprendem e os professores ensinam. Os sistemas de tutoria inteligente tiram partido da IA cognitiva para proporcionar experiências de aprendizagem personalizadas, adaptadas às necessidades individuais e ao estilo de aprendizagem de cada aluno. Estes sistemas podem adaptar-se em tempo real com base no desempenho e no feedback dos alunos, fornecendo intervenções e apoio direccionados sempre que necessário. Além disso, os jogos e simulações educativos com base na IA cognitiva tornam a aprendizagem mais envolvente e interactiva, ajudando os alunos a apreender conceitos e competências complexos de forma mais eficaz.

A IA cognitiva também está a fazer ondas no campo do serviço e apoio ao cliente. As empresas de todos os sectores estão a utilizar chatbots e assistentes virtuais com IA cognitiva para prestar apoio ao cliente 24 horas por dia, responder a pedidos de informação e resolver problemas em tempo real. Estes sistemas podem compreender a linguagem natural, interpretar a intenção do cliente e fornecer respostas relevantes e exactas, reduzindo a necessidade de intervenção humana e melhorando os tempos de resposta.

Além disso, a IA cognitiva está a ser aplicada no domínio do marketing e da publicidade para personalizar e otimizar as campanhas para obter o máximo impacto. Os profissionais de marketing estão a tirar partido dos sistemas de IA cognitiva para analisar os dados dos clientes, segmentar audiências e fornecer conteúdos e ofertas direccionados que se adequam às preferências e comportamentos individuais. Estes sistemas podem prever as necessidades e preferências dos clientes, otimizar as despesas de marketing e aumentar as taxas de conversão e o ROI.

No domínio da produção, a IA cognitiva está a revolucionar os processos de produção, a gestão da cadeia de abastecimento e o controlo de qualidade. Os fabricantes estão a utilizar sistemas de IA cognitiva para otimizar os calendários de produção, prever falhas no equipamento e evitar períodos de inatividade dispendiosos. Estes sistemas podem analisar dados de sensores de dispositivos IoT, identificar anomalias e padrões e recomendar acções de manutenção preventiva para garantir operações sem problemas e maximizar a eficiência.

Além disso, a IA cognitiva está a ser aplicada no domínio dos transportes e da logística para otimizar as rotas, reduzir o congestionamento e melhorar a segurança. As empresas de transportes estão a utilizar sistemas de IA cognitiva para analisar dados de tráfego em tempo real, prever padrões de tráfego e incidentes e otimizar rotas para veículos de entrega e transportes públicos. Estes sistemas também podem ajudar os condutores com a navegação, as condições meteorológicas e as actualizações de trânsito, aumentando a eficiência e reduzindo os acidentes.

Estudos de caso

A Inteligência Artificial Cognitiva (IA) representa uma força transformadora em vários sectores, oferecendo capacidades sem precedentes na análise de dados, na tomada de decisões e na resolução de problemas. Nesta exploração de estudos de caso, mergulhamos em aplicações do mundo real onde a IA cognitiva está a ter um impacto tangível, revolucionando processos e aumentando as capacidades humanas. Através destes exemplos, testemunhamos o potencial da IA Cognitiva para impulsionar a inovação, aumentar a eficiência e criar valor em diversos domínios.

Cuidados de saúde: Revolucionar o diagnóstico e o tratamento médico

No sector da saúde, a IA cognitiva está a revolucionar o diagnóstico e o tratamento médico, tirando partido de grandes quantidades de dados dos doentes para ajudar os profissionais de saúde na tomada de decisões. O Watson for Oncology da IBM é um excelente exemplo, empregando a computação cognitiva para analisar dados de pacientes, literatura médica e directrizes de tratamento para fornecer recomendações de tratamento personalizadas para pacientes com cancro. Ao processar grandes volumes de informação e identificar padrões, o Watson for Oncology ajuda os oncologistas a desenvolver planos de tratamento personalizados, conduzindo a intervenções mais precisas e eficazes.

Do mesmo modo, a PathAI utiliza a IA cognitiva para melhorar os serviços de patologia, analisando e interpretando com precisão as amostras de tecidos. Através de algoritmos de aprendizagem automática, a PathAI ajuda os patologistas a diagnosticar doenças como o cancro com maior precisão e eficiência, melhorando, em última análise, os resultados dos pacientes. Estes exemplos demonstram como a IA cognitiva está a transformar a prestação de cuidados de saúde, permitindo diagnósticos mais precisos, abordagens de tratamento personalizadas e melhores cuidados aos pacientes.

Finanças: Otimização das estratégias de investimento e gestão do risco

No sector financeiro, a IA cognitiva está a remodelar as estratégias de investimento e as práticas de gestão de riscos, analisando vastos conjuntos de dados e identificando tendências de mercado em tempo real. A Bridgewater Associates, um dos maiores fundos de cobertura do mundo, utiliza algoritmos baseados em IA para analisar indicadores económicos, dados de mercado e eventos geopolíticos para informar as decisões de investimento. Através de técnicas de aprendizagem automática, o sistema de IA da Bridgewater identifica padrões e correlações nos mercados financeiros, permitindo à empresa fazer escolhas de investimento baseadas em dados e mitigar os riscos de forma eficaz.

Além disso, o JP Morgan Chase utiliza a IA cognitiva para a deteção e prevenção de fraudes, tirando partido de algoritmos avançados para analisar dados de transacções e detetar actividades suspeitas em tempo real. Ao identificar padrões e anomalias invulgares, o sistema de IA do JP Morgan ajuda a proteger contra transacções fraudulentas, salvaguardando a integridade dos sistemas financeiros. Estes exemplos destacam a forma como a IA cognitiva está a melhorar os processos de tomada de decisão em finanças, permitindo estratégias de investimento mais informadas e quadros de gestão de risco robustos.

Retalho: Personalizar as experiências dos clientes e melhorar os esforços de marketing

No sector do retalho, a IA cognitiva está a transformar as experiências dos clientes e as estratégias de marketing, analisando os dados de comportamento dos consumidores e fornecendo recomendações personalizadas. A Amazon, pioneira no retalho orientado para a IA, utiliza algoritmos de aprendizagem automática para analisar as preferências dos clientes, o histórico de navegação e os padrões de compra para recomendar produtos adaptados às preferências individuais. Através do seu motor de recomendação, a Amazon aumenta a satisfação do cliente e impulsiona as vendas, oferecendo sugestões de produtos relevantes e personalizados.

Do mesmo modo, a Sephora, um dos principais retalhistas de produtos de beleza, utiliza a IA cognitiva para oferecer recomendações personalizadas de cuidados com a pele através da sua funcionalidade de Artista Virtual. Ao analisar as fotografias dos clientes e as características da pele, a ferramenta de IA da Sephora fornece recomendações personalizadas de produtos e experiências de experimentação virtual, melhorando a experiência de compra online para os clientes. Estes exemplos ilustram como a IA cognitiva está a remodelar a dinâmica do retalho, permitindo estratégias de marketing personalizadas e melhorando o envolvimento do cliente.

Transportes: Otimização da logística e melhoria da segurança

No sector dos transportes, a IA cognitiva está a otimizar as operações de logística e a melhorar os padrões de segurança através de análises preditivas e tecnologias autónomas. A UPS, uma empresa de logística global, utiliza algoritmos de otimização de rotas baseados em IA para otimizar as rotas e os horários de entrega, minimizando o consumo de combustível e reduzindo os tempos de entrega. Ao analisar os padrões de tráfego, as condições meteorológicas e os dados dos pacotes em tempo real, o sistema de IA da UPS permite operações de entrega mais eficientes e económicas.

Além disso, a Tesla utiliza IA cognitiva na sua tecnologia de condução autónoma, recorrendo a algoritmos de aprendizagem profunda para analisar dados de sensores e tomar decisões de condução em tempo real. Através da sua funcionalidade Autopilot, os veículos da Tesla podem navegar nas estradas de forma autónoma, melhorando a segurança do condutor e reduzindo o risco de acidentes. Estes exemplos demonstram como a IA cognitiva está a revolucionar os sistemas de transporte, melhorando a eficiência e avançando os padrões de segurança na indústria.

CAPÍTULO 5
Melhorar o QI através da IA

Dhiraj Singh Rawat

Departamento de Informática

NIET, Greater Noida, Uttar Pradesh, Índia

Ashwani Kumar

Escola de Engenharia e Tecnologia

K. R. Mangalam University, Gurugram, Haryana, Índia

Introdução

No panorama contemporâneo de rápidos avanços tecnológicos, a inteligência artificial (IA) surgiu como uma força transformadora em vários domínios, incluindo o treino cognitivo. O treino cognitivo refere-se a um conjunto de exercícios e actividades concebidos para melhorar as funções cognitivas, como a memória, a atenção, a resolução de problemas e a tomada de decisões. Com a integração da IA, os programas de treino cognitivo tornaram-se mais personalizados, adaptáveis e eficazes na melhoria da aptidão mental. Neste artigo, exploramos o papel das ferramentas de IA no treino cognitivo, os seus benefícios, aplicações e implicações para os indivíduos que procuram melhorar as suas capacidades cognitivas.

Percursos de aprendizagem personalizados: Uma das principais vantagens da formação cognitiva baseada em IA é a sua capacidade de criar percursos de aprendizagem personalizados, adaptados às necessidades e preferências individuais. Os algoritmos de IA analisam os dados do utilizador, incluindo métricas de desempenho, pontos fortes e fracos cognitivos e estilos de aprendizagem, para ajustar dinamicamente os programas de formação em tempo real. Ao compreender o perfil cognitivo único de cada utilizador, as ferramentas de IA podem fornecer exercícios e intervenções direccionados que optimizam os resultados da aprendizagem. Esta abordagem personalizada aumenta o envolvimento, a motivação e a eficácia, uma vez que os utilizadores recebem conteúdos que são relevantes e desafiantes, mas exequíveis.

Algoritmos de treino adaptáveis: As plataformas de formação cognitiva baseadas em IA utilizam algoritmos adaptativos para avaliar e adaptar-se continuamente ao progresso e desempenho dos utilizadores. Estes algoritmos monitorizam as interacções dos utilizadores, acompanham as curvas de aprendizagem e identificam áreas de melhoria, permitindo ao sistema ajustar dinamicamente o nível de dificuldade das tarefas e dos exercícios. À medida que os utilizadores demonstram domínio de determinadas competências, o sistema introduz gradualmente desafios mais complexos para manter a estimulação cognitiva ideal. Esta natureza adaptativa da formação orientada por IA garante que os utilizadores são constantemente desafiados no seu nível de competências adequado, maximizando a eficiência da aprendizagem e a retenção ao longo do tempo.

Feedback e monitorização do desempenho em tempo real: Outra caraterística fundamental da formação cognitiva melhorada por IA é a sua capacidade de fornecer feedback e monitorização do desempenho em tempo real. Os algoritmos de IA analisam as respostas dos utilizadores, as taxas de precisão, os tempos de resposta e outras métricas para gerar relatórios de desempenho detalhados e informações. Os utilizadores recebem feedback imediato sobre o seu desempenho, destacando as áreas fortes e as áreas que precisam de ser melhoradas. Este feedback atempado promove a auto-consciência e as competências metacognitivas, permitindo aos utilizadores identificar estratégias para ultrapassar desafios e otimizar o seu processo de aprendizagem. Além disso, os dados de desempenho recolhidos pelos algoritmos de IA permitem aos utilizadores e educadores acompanhar o progresso ao longo do tempo, identificar tendências e tomar decisões baseadas em dados para ajustar as estratégias de formação, conforme necessário.

Estratégias de gamificação e envolvimento: Muitas plataformas de formação cognitiva baseadas em IA utilizam estratégias de gamificação e envolvimento para aumentar a motivação e o prazer do utilizador. Ao integrar elementos semelhantes a jogos, como pontos, recompensas, níveis e desafios, estas plataformas criam uma experiência de aprendizagem mais envolvente e interactiva. A gamificação não só torna a formação cognitiva mais agradável, como também explora factores de motivação intrínsecos, como a competição, a realização e o domínio. Os algoritmos de IA analisam os padrões e preferências de envolvimento dos utilizadores para ajustar dinamicamente os elementos de gamificação, garantindo níveis óptimos de desafio e motivação para manter a participação a longo prazo e a adesão aos programas de formação.

Aplicações em vários domínios cognitivos: As ferramentas de IA para o treino cognitivo têm aplicações numa vasta gama de domínios cognitivos, incluindo a memória, a atenção, as funções executivas, a linguagem e as capacidades visuoespaciais. Por exemplo, os programas de treino da memória alimentados por IA podem utilizar algoritmos de repetição espaçada para otimizar a programação dos intervalos de aprendizagem e maximizar a retenção de informação. Os programas de treino da atenção podem empregar tarefas de atenção adaptáveis para melhorar o foco, a concentração e a gestão da distração. Os programas de treino da função executiva podem incluir exercícios que visam o planeamento, a resolução de problemas, a flexibilidade cognitiva e o controlo dos impulsos. Os programas de treino da linguagem podem utilizar algoritmos de processamento da linguagem natural (PNL) para analisar as capacidades de utilização, compreensão e produção da linguagem. Os programas de treino visuo-espacial podem incorporar estímulos visuais interactivos e tarefas de raciocínio espacial para melhorar a cognição espacial e as capacidades de imagética mental.

Considerações éticas e privacidade dos dados: Embora as ferramentas de IA para treino cognitivo ofereçam benefícios promissores, também levantam considerações éticas relacionadas com a privacidade dos dados, o consentimento informado, o enviesamento algorítmico e a equidade. A recolha e a análise de dados sensíveis do utilizador, tais como métricas de desempenho cognitivo, dados biométricos e preferências pessoais, suscitam preocupações quanto à segurança dos dados e às violações da privacidade. Garantir a transparência e a responsabilidade na recolha, armazenamento e utilização de dados é essencial para salvaguardar os direitos de privacidade dos utilizadores. Além disso, os algoritmos de IA podem inadvertidamente perpetuar preconceitos algorítmicos se não forem devidamente calibrados e validados em diversas populações. É fundamental que os criadores atenuem os preconceitos nos conjuntos de dados e algoritmos de treino da IA para garantir um acesso justo e equitativo aos recursos de treino cognitivo para todos os indivíduos, independentemente dos factores demográficos.

Sistemas de aprendizagem personalizados: Revolucionando a educação com instrução sob medida

No panorama em rápida evolução da educação, os sistemas de aprendizagem personalizados destacam-se como uma abordagem transformadora à instrução. Estes sistemas tiram partido da tecnologia para adaptar as experiências de aprendizagem às necessidades, preferências e capacidades únicas de cada aluno. Ao fornecer instrução direccionada, feedback adaptável e recursos personalizados, os sistemas de aprendizagem personalizados têm o potencial de aumentar o envolvimento dos alunos, melhorar os resultados da aprendizagem e promover a aprendizagem ao longo da vida. Nesta exploração, aprofundamos os princípios, benefícios, desafios e perspectivas futuras dos sistemas de aprendizagem personalizados.

Os sistemas de aprendizagem personalizados baseiam-se no princípio de que cada aluno é único, com pontos fortes, pontos fracos, interesses e estilos de aprendizagem distintos. As abordagens tradicionais de educação de tamanho único muitas vezes não conseguem lidar com estas diferenças individuais, levando ao desinteresse, frustração e progresso académico limitado. Os sistemas de aprendizagem personalizados procuram responder a este desafio, aproveitando o poder da tecnologia para fornecer uma instrução adaptada às necessidades e preferências específicas de cada aluno.

No centro dos sistemas de aprendizagem personalizados está a tecnologia de aprendizagem adaptativa, que utiliza algoritmos e aprendizagem automática para analisar dados sobre o desempenho e o comportamento dos alunos. Ao monitorizar continuamente o progresso e as respostas dos alunos, os sistemas de aprendizagem adaptativa podem ajustar dinamicamente o ritmo, o conteúdo e o nível de dificuldade da instrução para corresponder à trajetória de aprendizagem única de cada aluno. Esta abordagem adaptativa garante que os alunos recebem o nível correto de desafio e apoio, maximizando o seu potencial de aprendizagem.

Uma das principais características dos sistemas de aprendizagem personalizados é a sua capacidade de fornecer aos alunos percursos de aprendizagem individualizados. Em vez de seguirem um currículo fixo ou um ritmo ditado pelo professor, os alunos progridem através do material ao seu próprio ritmo, avançando para conceitos mais avançados depois de dominarem as competências básicas. Esta abordagem individualizada permite que os alunos se apropriem do seu percurso de aprendizagem, criando confiança e motivação à medida que alcançam o sucesso ao seu próprio ritmo.

Outra caraterística dos sistemas de aprendizagem personalizada é o seu foco na instrução diferenciada. Em vez de dar a mesma lição a toda a turma, estes sistemas fornecem intervenções direccionadas e actividades de enriquecimento com base nas necessidades específicas de cada aluno. Por exemplo, um aluno com dificuldades com fracções pode receber exercícios práticos adicionais e vídeos de instrução sobre esse tópico, enquanto um aluno que já domina o material pode ser apresentado com problemas mais desafiantes ou oportunidades para investigação independente.

Para além da instrução adaptativa, os sistemas de aprendizagem personalizada também oferecem feedback personalizado, permitindo que os alunos recebam informações atempadas e accionáveis sobre o seu progresso e desempenho. Através de exercícios interactivos, questionários e avaliações, os alunos recebem feedback imediato sobre as suas respostas, ajudando-os a identificar áreas de força e fraqueza. Os professores também podem aceder a relatórios e análises detalhados sobre o desempenho dos alunos, o que lhes permite acompanhar o progresso, identificar tendências e intervir quando necessário.

As vantagens dos sistemas de aprendizagem personalizados são múltiplas. Para os alunos, estes sistemas proporcionam uma experiência de aprendizagem mais cativante, relevante e capacitadora. Ao atender às suas necessidades e interesses individuais, os sistemas de aprendizagem personalizados podem aumentar a motivação, promover uma mentalidade de crescimento e cultivar um gosto pela aprendizagem ao longo da vida. A investigação demonstrou que os alunos que participam em programas de aprendizagem personalizada apresentam níveis mais elevados de desempenho académico, melhores atitudes em relação à escola e maior persistência nos estudos.

Para os professores, os sistemas de aprendizagem personalizada oferecem informações valiosas sobre a aprendizagem e o progresso dos alunos. Ao fornecer dados e análises em tempo real, estes sistemas permitem que os professores identifiquem os alunos com dificuldades, identifiquem áreas de intervenção e adaptem a instrução para satisfazer as necessidades individuais. Em vez de gastar o valioso tempo de aula em palestras de tamanho único, os professores podem usar sistemas de aprendizagem personalizados para facilitar discussões em pequenos grupos, fornecer suporte direcionado e diferenciar a instrução com base na prontidão, interesse e estilo de aprendizagem do aluno.

Apesar dos inúmeros benefícios dos sistemas de aprendizagem personalizados, a implementação efectiva destes sistemas pode colocar desafios significativos. Um grande obstáculo é a necessidade de infra-estruturas e recursos tecnológicos adequados. Os sistemas de aprendizagem personalizada requerem acesso a conetividade fiável à Internet, dispositivos digitais e plataformas de software, que podem não existir em muitas escolas e comunidades, particularmente em zonas rurais ou de baixos rendimentos. Além disso, o custo inicial de aquisição e implementação de tecnologia de aprendizagem personalizada pode ser proibitivo para alguns distritos escolares, exigindo um planeamento e orçamento cuidadosos.

Outro desafio é a necessidade de um desenvolvimento profissional abrangente e de formação para os professores. A implementação bem sucedida de sistemas de aprendizagem personalizados exige que os educadores adoptem novas práticas, estratégias e tecnologias de ensino, o que pode exigir apoio e formação adicionais. Os professores precisam de oportunidades para aprender a utilizar plataformas de aprendizagem adaptativa, interpretar análises de dados e integrar técnicas de aprendizagem personalizada na sua instrução na sala de aula. Sem formação e apoio adequados, os professores podem ter dificuldade em aproveitar eficazmente os sistemas de aprendizagem personalizados para satisfazer as diversas necessidades dos seus alunos.

Além disso, foram levantadas preocupações sobre a privacidade e a segurança dos dados dos alunos nos sistemas de aprendizagem personalizados. Estes sistemas recolhem grandes quantidades de dados sobre o desempenho, comportamento e preferências dos alunos, suscitando preocupações sobre quem tem acesso a estes dados, como são armazenados e protegidos e como são utilizados para tomar decisões educativas. Para responder a estas preocupações, os decisores políticos, os educadores e os criadores de tecnologia devem trabalhar em conjunto para estabelecer directrizes e salvaguardas claras para a recolha, utilização e partilha de dados dos alunos em sistemas de aprendizagem personalizados.

Olhando para o futuro, o futuro dos sistemas de aprendizagem personalizados é brilhante. À medida que a tecnologia continua a avançar, os sistemas de aprendizagem personalizados tornar-se-ão cada vez mais sofisticados, adaptáveis e reactivos às necessidades de cada aluno. A inteligência artificial e os algoritmos de aprendizagem automática permitirão a estes sistemas analisar conjuntos de dados complexos, identificar padrões e tendências e fazer recomendações inteligentes para instrução e intervenção. A realidade virtual, a realidade aumentada e as simulações imersivas oferecerão novas oportunidades de aprendizagem experimental e de envolvimento, permitindo aos alunos explorar conceitos complexos em ambientes imersivos e interactivos.

O papel da inteligência artificial na educação e no desenvolvimento de competências

Na era digital, a integração da inteligência artificial (IA) na educação surgiu como uma força transformadora, revolucionando os paradigmas tradicionais de aprendizagem e melhorando o desenvolvimento de competências. As tecnologias de IA, como os algoritmos de aprendizagem automática, o processamento de linguagem natural e os sistemas de aprendizagem personalizados, estão a remodelar o panorama da educação, oferecendo experiências de aprendizagem personalizadas, adaptáveis e eficientes.

Uma das principais aplicações da IA na educação é a aprendizagem personalizada. As abordagens tradicionais de educação de tamanho único muitas vezes não conseguem acomodar as diversas necessidades e preferências de aprendizagem de cada aluno. No entanto, as plataformas de aprendizagem adaptativa baseadas em IA analisam os dados dos alunos, incluindo o desempenho, as preferências e os estilos de aprendizagem, para proporcionar experiências de aprendizagem personalizadas, adaptadas aos pontos fortes e fracos de cada aluno. Ao fornecer intervenções direccionadas e feedback personalizado, estes sistemas optimizam os resultados da aprendizagem e promovem o envolvimento e a motivação dos alunos.

Além disso, a IA facilita a criação de ambientes de aprendizagem imersivos e interactivos através de tecnologias de realidade virtual (RV) e de realidade aumentada (RA). Estas experiências imersivas permitem aos alunos explorar conceitos complexos, simular cenários do mundo real e participar em actividades de aprendizagem práticas num ambiente seguro e controlado. Desde laboratórios virtuais de ciências a simulações históricas, a RV e a RA melhoram a compreensão, a retenção e as capacidades de pensamento crítico dos alunos, tornando a aprendizagem mais cativante e memorável.

Além disso, as ferramentas de criação de conteúdos educativos baseadas na IA permitem aos educadores desenvolver materiais de aprendizagem de elevada qualidade de forma mais eficiente. Os algoritmos de processamento de linguagem natural podem automatizar a criação de conteúdos educativos, incluindo manuais escolares, questionários e simulações interactivas, com base nos requisitos curriculares e nos objectivos de aprendizagem. Isto não só poupa tempo e esforço aos educadores, como também garante a disponibilidade de recursos de aprendizagem actualizados e relevantes para os alunos.

Outro impacto significativo da IA na educação é a democratização do acesso a uma educação de qualidade. As plataformas educativas alimentadas por IA oferecem soluções escaláveis e económicas para colmatar o défice global de educação, proporcionando acesso a recursos e oportunidades educativas a qualquer hora e em qualquer lugar. Quer seja através de cursos em linha, de bibliotecas digitais ou de sistemas de tutoria inteligentes, a IA permite que alunos de diversas origens e localizações geográficas acedam a oportunidades de educação de alta qualidade e de desenvolvimento de competências adaptadas às suas necessidades.

Além disso, a IA facilita a avaliação contínua e os mecanismos de feedback que apoiam a aprendizagem contínua e o aperfeiçoamento das competências. Os sistemas de avaliação adaptativa utilizam algoritmos de IA para analisar os dados de desempenho dos alunos em tempo real, identificar áreas de força e melhoria e fornecer intervenções direccionadas para colmatar as lacunas de aprendizagem. Ao oferecer feedback atempado e estratégias de correção personalizadas, estes sistemas permitem que os alunos se apropriem do seu percurso de aprendizagem e façam progressos contínuos no sentido do domínio.

Apesar dos seus potenciais benefícios, a adoção generalizada da IA na educação apresenta também alguns desafios e considerações éticas. Uma das principais preocupações é o risco de exacerbar as desigualdades e os preconceitos no domínio da educação. Os algoritmos de IA podem perpetuar as disparidades existentes no acesso a oportunidades, recursos e resultados educativos se não forem concebidos e aplicados cuidadosamente. Além disso, existem preocupações sobre a privacidade dos dados, a segurança e a transparência algorítmica, em particular no que respeita à recolha e utilização de dados sensíveis dos alunos para a tomada de decisões baseadas na IA.

Além disso, o rápido avanço da tecnologia de IA levanta questões sobre o futuro das profissões docentes e o papel dos educadores em ambientes de aprendizagem integrados na IA. Embora a IA possa aumentar as capacidades dos educadores automatizando tarefas de rotina, fornecendo apoio personalizado e facilitando a tomada de decisões com base em dados, não pode substituir o aspeto humano do ensino, como a empatia, a criatividade e as relações interpessoais. Assim, é necessário um diálogo e uma colaboração permanentes entre educadores, tecnólogos, decisores políticos e outras partes interessadas para garantir que a IA complementa, e não substitui, os conhecimentos humanos e promove experiências educativas holísticas.

Olhando para o futuro, o futuro da IA na educação é tremendamente promissor para transformar a aprendizagem e o desenvolvimento de competências à escala global. À medida que as tecnologias de IA continuam a evoluir e a amadurecer, podemos esperar ver inovações em áreas como os sistemas de tutoria inteligente, a análise de aprendizagem adaptativa e a conceção de currículos melhorados por IA. Além disso, os desenvolvimentos impulsionados pela IA na educação personalizada, na aprendizagem ao longo da vida e na formação da força de trabalho estão preparados para remodelar a forma como adquirimos conhecimentos, desenvolvemos competências e nos adaptamos às exigências do futuro.

Exemplos reais de aprendizagem reforçada por IA

Nos últimos anos, a integração da inteligência artificial (IA) na educação revolucionou a forma como aprendemos e ensinamos. A aprendizagem reforçada por IA, também conhecida como sistemas de tutoria inteligentes, plataformas de aprendizagem adaptativa ou aprendizagem personalizada, engloba uma vasta gama de tecnologias e aplicações destinadas a melhorar a experiência de aprendizagem de estudantes de todas as idades e capacidades. Desde percursos de aprendizagem personalizados a feedback e avaliação em tempo real, a IA tem sido utilizada em vários contextos educativos para satisfazer as necessidades individuais e otimizar os resultados da aprendizagem.

Duolingo: A aprendizagem de línguas reinventada

O Duolingo, uma popular plataforma de aprendizagem de línguas, utiliza algoritmos de IA para personalizar a experiência de aprendizagem de cada utilizador. Através do seu sistema de aprendizagem adaptativo, o Duolingo acompanha o progresso dos utilizadores, identifica os seus pontos fortes e fracos e fornece lições personalizadas em conformidade. A plataforma utiliza técnicas de processamento de linguagem natural (PNL) para fornecer feedback em tempo real sobre a pronúncia, a gramática e a utilização do vocabulário. Ao analisar as interacções dos utilizadores e os dados de desempenho, o Duolingo ajusta continuamente o seu currículo para otimizar a eficiência e a retenção da aprendizagem.

Khan Academy: Aprendizagem personalizada em grande escala

A Khan Academy é conhecida pela sua extensa biblioteca de vídeos educativos que abrangem uma vasta gama de temas, desde a matemática e as ciências às humanidades e à preparação para os testes. Tirando partido da tecnologia de aprendizagem adaptativa baseada em IA, a Khan Academy proporciona experiências de aprendizagem personalizadas a estudantes de todo o mundo. A plataforma utiliza algoritmos de aprendizagem automática para avaliar os níveis de proficiência dos alunos, identificar lacunas na sua compreensão e recomendar exercícios e tutoriais personalizados para abordar as áreas de fraqueza. Ao fornecer intervenções direccionadas e apoio de andaimes, a Khan Academy permite que os alunos progridam ao seu próprio ritmo e dominem conceitos complexos.

Squirrel AI: tutoria com recurso a IA para a excelência académica

O Squirrel AI, um sistema de tutoria baseado em IA desenvolvido pelo Yixue Group, ganhou força pelo seu notável sucesso na melhoria do desempenho académico dos alunos. Ao combinar algoritmos de aprendizagem adaptativa com princípios de psicologia cognitiva, o Squirrel AI oferece sessões de tutoria personalizadas, adaptadas ao estilo de aprendizagem, preferências e aptidão de cada aluno. A plataforma emprega análise de dados e modelagem preditiva para antecipar as necessidades futuras de aprendizagem dos alunos e prescrever caminhos de aprendizagem ideais. Com a sua ênfase na aprendizagem de domínio e na remediação direccionada, a Squirrel AI demonstrou uma eficácia significativa em ajudar os alunos a alcançar a excelência académica em várias disciplinas e níveis de ensino.

SMART Learning Suite: Experiências interativas em sala de aula

O SMART Learning Suite é um conjunto abrangente de ferramentas educacionais projetado para facilitar experiências interativas e envolventes em sala de aula. Com recursos como o SMART Notebook, o SMART Learning Suite Online e o SMART amp, os educadores podem criar aulas dinâmicas de multimídia, colaborar em tempo real e avaliar a compreensão dos alunos com eficiência. Os componentes alimentados por IA dentro do pacote permitem o aprendizado e a avaliação adaptativos, permitindo que os professores personalizem a instrução com base nas necessidades individuais dos alunos e acompanhem o progresso ao longo do tempo. Ao aproveitar o poder da IA, o SMART Learning Suite permite que os educadores forneçam instruções personalizadas e promovam a participação ativa dos alunos no processo de aprendizagem.

Aprendizagem DreamBox: Instrução de matemática adaptável

A DreamBox Learning oferece um programa de matemática adaptável que utiliza algoritmos de IA para fornecer instruções personalizadas aos alunos do jardim de infância até ao oitavo ano. Ao analisar as respostas dos alunos a problemas de matemática em tempo real, a DreamBox adapta o seu currículo para corresponder ao ritmo de aprendizagem e ao nível de compreensão de cada aluno. A plataforma incorpora elementos de gamificação e actividades interactivas para manter os alunos motivados e empenhados à medida que avançam no currículo. Com seu foco em instrução diferenciada e caminhos de aprendizagem individualizados, a DreamBox tem sido fundamental para ajudar os alunos a desenvolver fluência matemática e habilidades de resolução de problemas.

Coursera: Cursos online baseados em IA

A Coursera, um fornecedor líder de cursos e certificações online, utiliza tecnologia de IA para melhorar a experiência de aprendizagem dos seus utilizadores. Através de funcionalidades como recomendações personalizadas de cursos, questionários interactivos e sistemas de classificação automatizados, a Coursera proporciona experiências de aprendizagem personalizadas a alunos de todo o mundo. Os algoritmos de IA analisam o comportamento, as preferências e os dados de desempenho dos alunos para otimizar a oferta de cursos e garantir o máximo envolvimento e retenção. Com a sua vasta biblioteca de cursos que abrangem várias disciplinas, a Coursera tira partido da IA para democratizar o acesso a um ensino de alta qualidade e capacitar os alunos para melhorarem as suas competências e se requalificarem para o futuro.

Carnegie Learning: Software de matemática baseado em IA

A Carnegie Learning oferece software de matemática alimentado por IA, concebido para apoiar a aprendizagem personalizada e o ensino baseado no domínio. Ao avaliar continuamente os conhecimentos e competências dos alunos, a plataforma de aprendizagem adaptativa da Carnegie Learning adapta a sua instrução para satisfazer as necessidades de aprendizagem individuais e promover uma compreensão concetual mais profunda. A plataforma fornece feedback e sugestões em tempo real para orientar os alunos através de actividades de resolução de problemas e para facilitar a sua aprendizagem de forma eficaz. Com o seu enfoque na progressão baseada em competências e na instrução diferenciada, a Carnegie Learning capacita os educadores para optimizarem os resultados da aprendizagem e promoverem o sucesso dos alunos em matemática.

ALEKS: Aprendizagem e avaliação adaptativas

O ALEKS (Assessment and Learning in Knowledge Spaces) é uma plataforma de aprendizagem adaptativa que utiliza tecnologia de IA para proporcionar experiências de aprendizagem personalizadas em matemática, química e outras disciplinas. Através da avaliação adaptativa e dos princípios de aprendizagem de domínio, o ALEKS identifica as lacunas de conhecimento dos alunos e prescreve actividades de aprendizagem orientadas para as áreas de fraqueza. A plataforma ajusta dinamicamente o nível de dificuldade das perguntas com base nas respostas dos alunos, garantindo que eles recebam desafios e apoio adequados à medida que progridem. O modelo de aprendizagem adaptativa do ALEKS demonstrou melhorar os resultados dos alunos e promover o domínio de conceitos-chave em várias disciplinas académicas.

Ferramentas educativas com IA da Pearson

A Pearson, líder mundial em tecnologia e publicação educacional, desenvolveu uma gama de ferramentas e plataformas baseadas em IA para apoiar a aprendizagem e a avaliação personalizadas. Desde sistemas de tutoria orientados por IA a plataformas de aprendizagem adaptativa e ferramentas de avaliação, a Pearson tira partido da tecnologia de IA para melhorar a eficácia e a eficiência das intervenções educativas. Ao analisar grandes quantidades de dados e feedback dos alunos, os algoritmos de IA da Pearson geram informações accionáveis para educadores e alunos, permitindo intervenções direccionadas e uma melhoria contínua das práticas de ensino e aprendizagem.

IBM Watson Education: Soluções cognitivas para a educação

O IBM Watson Education oferece soluções cognitivas e ferramentas baseadas em IA concebidas para transformar as experiências de ensino e aprendizagem. Com funcionalidades como o Watson Classroom, o Watson Tutor e o Watson Analytics for Education, a IBM tira partido da tecnologia de IA para fornecer recomendações de aprendizagem personalizadas, apoio de tutoria virtual e informações baseadas em dados para educadores e administradores. Ao aproveitar o poder do processamento de linguagem natural, da aprendizagem automática e da análise preditiva, o IBM Watson Education permite que os educadores ofereçam uma instrução diferenciada, optimizem o design do currículo e promovam o sucesso dos alunos na era digital.

CAPÍTULO 6

O papel da IA na compreensão da inteligência humana

Ashwani Kumar

Escola de Engenharia e Tecnologia

K. R. Mangalam University, Gurugram, Haryana, Índia

Vijay Singh

Escola de Engenharia e Tecnologia Amity

Universidade de Amity, Noida, UP, Índia

Introdução

A neurociência está na vanguarda da descoberta dos mistérios do cérebro humano, um órgão complexo responsável pela cognição, emoção e comportamento. Nos últimos anos, a integração da inteligência artificial (IA) catalisou avanços inovadores na neurociência, revolucionando a nossa compreensão do funcionamento do cérebro e abrindo novas vias de investigação.

Análise de dados cerebrais com recurso a IA: O campo da neurociência gera grandes quantidades de dados, que vão desde exames de imagiologia cerebral a registos electrofisiológicos. A análise manual destes dados é morosa e muitas vezes impraticável devido à sua complexidade e volume. É aqui que reside o poder da IA, que oferece ferramentas e metodologias computacionais para processar e extrair informações significativas dos dados cerebrais.

Técnicas como a ressonância magnética funcional (fMRI), a eletroencefalografia (EEG) e a magnetoencefalografia (MEG) fornecem instantâneos da atividade cerebral, captando as respostas neurais a estímulos e tarefas em tempo real. Os algoritmos de IA, em particular os baseados na aprendizagem automática e na aprendizagem profunda, são excelentes na análise destes conjuntos de dados, na identificação de padrões e na descoberta de estruturas ocultas no cérebro.

Por exemplo, os algoritmos de IA podem segmentar imagens do cérebro, distinguindo entre diferentes tipos de tecido cerebral e identificando anomalias como tumores ou lesões. Em estudos de imagiologia funcional, os algoritmos de IA podem detetar regiões cerebrais activadas durante tarefas ou estados específicos, lançando luz sobre os mecanismos neurais subjacentes a funções cognitivas como a perceção, a memória e a tomada de decisões.

Mapeamento de circuitos neuronais com IA: Compreender como os neurónios individuais comunicam e formam redes complexas é essencial para decifrar a função cerebral. Os métodos tradicionais de mapeamento de circuitos neuronais, como a microscopia eletrónica, são trabalhosos e limitados em termos de escalabilidade. As abordagens baseadas em IA oferecem uma alternativa promissora, permitindo aos investigadores mapear os circuitos neurais com uma velocidade e precisão sem precedentes.

Um exemplo do impacto da IA na cartografia dos circuitos neuronais é a conectómica, um domínio dedicado à reconstrução do diagrama de ligações do cérebro. Os algoritmos de IA podem analisar imagens de microscopia eletrónica do tecido cerebral, traçando automaticamente as vias de cada neurónio e identificando as ligações sinápticas entre eles. Esta abordagem de elevado rendimento permitiu aos investigadores mapear circuitos neuronais em várias regiões cerebrais e espécies, fornecendo informações sobre a organização e a função da intrincada cablagem do cérebro.

Descodificando a Base Neural da Cognição: No coração da neurociência está a procura de compreender como a atividade neural dá origem à cognição, à perceção e ao comportamento. A IA desempenha um papel fundamental neste esforço ao descodificar a base neural da cognição, desvendando os padrões complexos da atividade cerebral que estão na base das funções cognitivas.

Os algoritmos de aprendizagem automática, em particular os baseados em redes neuronais profundas, podem aprender a descodificar sinais cerebrais e a inferir estados mentais a partir de padrões de atividade neuronal. Ao treinar estes algoritmos em grandes conjuntos de dados de gravações cerebrais e dados comportamentais correspondentes, os investigadores podem desenvolver modelos preditivos que associam padrões de atividade neural a processos cognitivos específicos.

Por exemplo, os algoritmos de IA podem descodificar sinais cerebrais registados durante a produção ou compreensão da fala, permitindo dispositivos de comunicação que traduzem a atividade neural em palavras faladas. Do mesmo modo, os algoritmos de IA podem descodificar sinais neuronais relacionados com o controlo motor, abrindo caminho a interfaces cérebro-máquina que restituem o movimento a indivíduos paralisados.

Explorar modelos de IA da cognição humana

A cognição humana, a intrincada interação entre perceção, memória, raciocínio e tomada de decisões, há muito que cativa os investigadores que procuram compreender a essência da inteligência. Nos últimos anos, a inteligência artificial (IA) surgiu como uma ferramenta poderosa para modelizar e simular os processos cognitivos humanos.

A base dos modelos de IA: No centro dos modelos de IA da cognição humana está a tentativa de reproduzir a complexa interação de neurónios e sinapses que está na base das funções cognitivas. Inspirados pela estrutura e função do cérebro humano, os investigadores desenvolveram arquitecturas computacionais conhecidas como redes neuronais artificiais

(RNA). Estas redes são constituídas por nós interligados, ou neurónios, organizados em camadas que processam e transmitem informações.

O elemento fundamental das RNAs é o perceptron, um modelo matemático de um neurónio biológico que recebe sinais de entrada, calcula uma soma ponderada e aplica uma função de ativação para produzir uma saída. Os perceptrons múltiplos são organizados em camadas, com cada camada a efetuar operações específicas nos dados de entrada. Através de um processo conhecido como retropropagação, as RNAs são treinadas em grandes conjuntos de dados para ajustar os pesos e os enviesamentos das ligações entre os neurónios, permitindo-lhes aprender e adaptar-se a padrões complexos nos dados.

Aprendizagem profunda e redes neurais: A aprendizagem profunda, um subconjunto da IA, revolucionou a modelação cognitiva ao permitir a criação de redes neuronais profundas com várias camadas de neurónios interligados. Estas redes neurais profundas são excelentes na aprendizagem a partir de grandes quantidades de dados, permitindo-lhes reconhecer padrões, fazer previsões e executar tarefas com proficiência semelhante à humana.

Uma das arquitecturas mais utilizadas na aprendizagem profunda é a rede neural convolucional (CNN), que é particularmente adequada para tarefas como o reconhecimento de imagens e a deteção de objectos. As CNN consistem em várias camadas de operações convolucionais e de pooling, seguidas de camadas totalmente ligadas que realizam tarefas de classificação. Ao aprender representações hierárquicas de características visuais, as CNN podem atingir uma precisão notável em tarefas como a identificação de objectos em imagens ou o reconhecimento de rostos.

Outra arquitetura proeminente na aprendizagem profunda é a rede neuronal recorrente (RNN), que foi concebida para processar dados sequenciais, como texto, voz ou dados de séries temporais. As RNN incorporam circuitos de feedback que permitem que a informação persista ao longo do tempo, permitindo-lhes captar dependências temporais e contexto nos dados. Este facto torna-as adequadas para tarefas como a modelação de linguagem, o reconhecimento de voz e a tradução automática.

Mecanismos de atenção e modelos de transformação: Os recentes avanços na IA levaram ao desenvolvimento de modelos de transformação, que alcançaram o desempenho mais avançado numa vasta gama de tarefas de processamento de linguagem natural. No centro dos modelos de transformação está o mecanismo de atenção, que permite ao modelo concentrar-se em partes relevantes dos dados de entrada, ignorando a informação irrelevante.

Os modelos de transformadores consistem num codificador e num descodificador, cada um composto por várias camadas de redes neuronais de auto-atenção e de feedforward. Durante o treino, o modelo aprende a prestar atenção a diferentes partes da sequência de entrada, permitindo-lhe captar dependências de longo alcance e relações semânticas nos dados. Esta arquitetura baseada na atenção provou ser altamente eficaz em tarefas como a tradução de línguas, o resumo de textos e a análise de sentimentos.

Aplicações dos modelos de IA da cognição humana: Os modelos de IA da cognição humana têm encontrado aplicações numa vasta gama de domínios, desde os cuidados de saúde e a educação até às finanças e ao entretenimento. Nos cuidados de saúde, os sistemas de diagnóstico alimentados por IA utilizam modelos de aprendizagem profunda para analisar imagens médicas, detetar doenças e ajudar os médicos a fazer diagnósticos exactos. No sector da educação, os tutores de IA utilizam algoritmos de aprendizagem adaptativa para personalizar o ensino e fornecer feedback direcionado aos alunos, melhorando os resultados e a retenção da aprendizagem.

No sector financeiro, os modelos de IA analisam grandes quantidades de dados financeiros para detetar padrões, identificar tendências e fazer previsões sobre os movimentos do mercado. Os sistemas de negociação algorítmica utilizam modelos de aprendizagem profunda para analisar sinais de mercado e executar transacções a alta velocidade, maximizando os lucros e minimizando os riscos. No entretenimento, os sistemas de recomendação orientados por IA utilizam a filtragem colaborativa e a aprendizagem profunda para personalizar as recomendações de conteúdos para os utilizadores, melhorando a experiência do utilizador e promovendo o envolvimento.

Desafios e direcções futuras: Apesar das suas capacidades impressionantes, os modelos de IA da cognição humana ainda enfrentam vários desafios e limitações. Um desafio é a interpretabilidade dos modelos de aprendizagem profunda, que podem ser difíceis de compreender e depurar devido às suas arquitecturas complexas e ao grande número de parâmetros. Outro desafio é a necessidade de grandes quantidades de dados rotulados para treinar modelos de aprendizagem profunda, cuja aquisição pode ser dispendiosa e demorada.

Olhando para o futuro, os investigadores estão a explorar novas direcções na modelação da IA, como a incorporação de princípios neurocientíficos nas arquitecturas de IA para criar modelos de inspiração mais biológica da cognição humana. Estão também a investigar formas de melhorar a interpretabilidade dos modelos de IA, como o desenvolvimento de técnicas para visualizar e explicar as decisões tomadas pelos modelos de aprendizagem profunda.

Simulação do pensamento humano com inteligência artificial

A tentativa de compreender os processos de pensamento humano tem intrigado os académicos durante séculos, impulsionando a investigação em várias disciplinas, desde a filosofia à ciência cognitiva. Nos últimos anos, o advento da inteligência artificial (IA) proporcionou novos caminhos para explorar e simular estes intrincados processos mentais. Este capítulo investiga o fascinante domínio da simulação do pensamento humano com IA, explorando os métodos, os desafios e as implicações deste empreendimento inovador.

Compreender o pensamento humano: O pensamento humano é um fenómeno multifacetado que engloba a perceção, o raciocínio, a memória, a tomada de decisões e a criatividade. No seu cerne está a capacidade de processar informação, estabelecer ligações e gerar percepções significativas. Embora os mecanismos exactos subjacentes ao pensamento humano permaneçam indefinidos, os investigadores desenvolveram várias teorias e modelos para elucidar as suas complexidades.

Um modelo influente do pensamento humano é a teoria computacional da mente, que defende que a mente funciona como um computador, processando informação através de algoritmos e representações simbólicas. De acordo com este ponto de vista, processos cognitivos como a perceção, a memória e a resolução de problemas podem ser simulados através de modelos computacionais que imitam as operações do cérebro humano.

Simular o pensamento humano com a IA: A inteligência artificial oferece um quadro poderoso para simular os processos de pensamento humano, inspirando-se na estrutura e função do cérebro humano. Os modelos de IA, em particular as redes neuronais, podem ser treinados em grandes conjuntos de dados de tarefas cognitivas ou dados comportamentais para aprender padrões e relações, permitindo-lhes executar tarefas com proficiência semelhante à humana.

Uma abordagem para simular o pensamento humano com a IA é a utilização de redes neuronais artificiais (RNA), arquitecturas computacionais inspiradas na organização das redes neuronais do cérebro. As RNA são constituídas por nós interligados, ou neurónios, dispostos em camadas, sendo cada camada responsável pelo processamento de tipos específicos de informação.

A aprendizagem profunda, um subconjunto da IA, revolucionou o domínio da modelação cognitiva ao permitir a criação de redes neuronais profundas com várias camadas. Estas redes neurais profundas são excelentes em tarefas como o reconhecimento de imagens, o processamento de linguagem natural e a jogabilidade, demonstrando um desempenho ao nível humano numa vasta gama de tarefas cognitivas.

Desafios e limitações: Apesar dos progressos notáveis na simulação do pensamento humano com a IA, subsistem desafios e limitações significativos. Um dos principais desafios é a complexidade da cognição humana, que engloba uma vasta gama de processos e comportamentos mentais. Embora os modelos de IA possam ser excelentes em tarefas específicas, têm frequentemente dificuldades em tarefas que exigem raciocínio de ordem superior, abstração e criatividade.

Outro desafio é a interpretabilidade dos modelos de IA, nomeadamente das redes neuronais profundas. Embora estes modelos possam atingir um desempenho impressionante em tarefas cognitivas, o seu funcionamento interno pode ser opaco e difícil de compreender. Esta falta de interpretabilidade dificulta a nossa capacidade de compreender a forma como os sistemas de IA simulam os processos de pensamento humano.

As considerações éticas também são importantes no desenvolvimento e implementação de modelos de IA para simular o pensamento humano. Surgem questões sobre a privacidade dos dados, a parcialidade dos dados de treino e as potenciais implicações sociais dos conteúdos gerados pela IA. À medida que a IA se integra cada vez mais nas nossas vidas, é crucial abordar estas preocupações éticas e garantir que as tecnologias de IA são utilizadas de forma responsável e ética.

Implicações e direcções futuras: A capacidade de simular processos de pensamento humano com IA tem implicações de grande alcance em vários domínios, incluindo a educação, os cuidados de saúde e a interação homem-computador. As simulações baseadas em IA podem ser utilizadas para desenvolver experiências de aprendizagem personalizadas, diagnosticar perturbações cognitivas e melhorar as interfaces homem-computador.

No domínio da educação, os sistemas de tutoria alimentados por IA podem adaptar-se aos estilos e preferências de aprendizagem de cada aluno, fornecendo instruções e feedback personalizados. No domínio dos cuidados de saúde, os modelos de IA podem analisar dados de neuroimagiologia para diagnosticar doenças neurológicas, como a doença de Alzheimer ou a perturbação do espetro do autismo. Na interação homem-computador, os assistentes virtuais com IA podem compreender e responder à linguagem e ao comportamento humanos de forma naturalista.

Olhando para o futuro, o futuro da simulação do pensamento humano com a IA é imensamente promissor e potencial. Os avanços nos algoritmos de IA, juntamente com o aumento do poder computacional e o acesso a conjuntos de dados em grande escala, continuarão a alargar os limites do que é possível. Ao tirar partido das capacidades da IA, os investigadores podem obter conhecimentos mais profundos sobre os mistérios da cognição humana e desbloquear novas fronteiras na inteligência artificial.

Informações da investigação da IA sobre o QI humano

O quociente de inteligência humana (QI) é desde há muito um tema de fascínio e investigação, com os investigadores a procurarem compreender os factores que determinam as capacidades cognitivas e as diferenças individuais em termos de inteligência. Nos últimos anos, a inteligência artificial (IA) surgiu como uma ferramenta poderosa para explorar as complexidades da inteligência humana, oferecendo novas perspectivas sobre os factores genéticos, ambientais e neurais que estão na base do QI.

Compreender o QI humano: A inteligência humana engloba um vasto leque de capacidades cognitivas, incluindo o raciocínio, a resolução de problemas, a memória e a aprendizagem. Os testes de QI, concebidos para medir estas capacidades, fornecem uma medida padronizada da aptidão cognitiva relativamente à população em geral. Embora o QI seja influenciado por uma combinação de factores genéticos e ambientais, os mecanismos exactos subjacentes à inteligência continuam a ser objeto de investigação contínua.

Análises de avaliações cognitivas baseadas em IA: Uma via de investigação da IA sobre o QI humano centra-se na análise de conjuntos de dados em grande escala de avaliações cognitivas para identificar padrões de desenvolvimento cognitivo e elucidar os factores que influenciam as pontuações de QI. Os algoritmos de aprendizagem automática, incluindo as redes neurais profundas, são treinados em vastos repositórios de dados de testes de QI para detetar padrões e relações subtis que podem não ser aparentes para os observadores humanos.

Ao examinar o desempenho dos indivíduos em várias tarefas cognitivas, os modelos de IA podem revelar factores que contribuem para as diferenças nas pontuações de QI, como a capacidade da memória de trabalho, a velocidade de processamento e a fluência verbal. Além disso, as análises baseadas em IA podem revelar a forma como as capacidades cognitivas evoluem ao longo da vida, lançando luz sobre as trajectórias do desenvolvimento cognitivo desde a infância até à velhice.

Percepções de estudos genéticos: Outra linha de investigação da IA sobre o QI humano explora a base genética da inteligência, tirando partido de conjuntos de dados genómicos em grande escala para identificar variantes genéticas associadas às capacidades cognitivas. Os estudos de associação de todo o genoma (GWAS) analisam dados genéticos de milhares de indivíduos para identificar marcadores genéticos específicos ligados à inteligência.

Ao integrar dados genéticos com avaliações cognitivas, os modelos de IA podem identificar genes que influenciam as capacidades cognitivas e desvendar a complexa interação entre a genética e o ambiente na formação do QI. Além disso, as análises baseadas na IA podem elucidar as vias moleculares subjacentes às funções cognitivas, fornecendo informações sobre os mecanismos biológicos da inteligência.

Influências ambientais no QI: Para além dos factores genéticos, as influências ambientais desempenham um papel crucial na formação do desenvolvimento cognitivo e do QI. A investigação da IA sobre o QI humano examina o impacto de factores ambientais como o estatuto socioeconómico, as oportunidades educativas e as experiências da primeira infância nos resultados cognitivos.

Através da análise de conjuntos de dados longitudinais em grande escala, os modelos de IA podem avaliar a forma como as intervenções ambientais, tais como programas educativos ou políticas sociais, afectam o desenvolvimento cognitivo e atenuam as disparidades nas pontuações de QI nas populações. Além disso, as análises baseadas em IA podem identificar períodos críticos do desenvolvimento cognitivo e elucidar os mecanismos através dos quais os factores ambientais influenciam o QI.

Correlatos neurais do QI: Os avanços na tecnologia de neuroimagem permitiram aos investigadores investigar os correlatos neurais do QI, descobrindo as regiões e redes cerebrais associadas às capacidades cognitivas. As análises de dados de neuroimagiologia conduzidas por IA podem identificar padrões de atividade cerebral que prevêem diferenças individuais no QI e elucidar os mecanismos neurais subjacentes às funções cognitivas.

Ao combinar dados de neuroimagiologia com avaliações cognitivas e informações genéticas, os modelos de IA podem revelar a complexa interação entre a estrutura, a função e as capacidades cognitivas do cérebro. Além disso, as análises baseadas em IA podem identificar biomarcadores de declínio cognitivo e informar o desenvolvimento de intervenções para melhorar a função cognitiva e atenuar o declínio cognitivo relacionado com a idade.

CAPÍTULO 7
Implicações éticas da IA na medição da inteligência

Ashwani Kumar

Escola de Engenharia e Tecnologia

K. R. Mangalam University, Gurugram, Haryana, Índia

Dhiraj Singh Rawat

Departamento de Informática

NIET, Greater Noida, Uttar Pradesh, Índia

Introdução

A inteligência artificial (IA) tem vindo a ser cada vez mais integrada em vários aspectos da nossa vida, incluindo avaliações cognitivas e testes de quociente de inteligência (QI). Embora estas tecnologias sejam promissoras no que respeita a fornecer informações valiosas sobre a cognição humana, também trazem à luz preocupações relacionadas com a parcialidade e a equidade.

Compreender o enviesamento nas avaliações de IA e de QI: O preconceito nas avaliações de IA e de QI refere-se a erros sistemáticos ou imprecisões na medição das capacidades cognitivas, resultantes da representação desproporcionada de determinados grupos ou características nos dados utilizados para desenvolver e treinar algoritmos de IA. Estes preconceitos podem manifestar-se de várias formas, incluindo preconceitos raciais, de género, socioeconómicos e culturais, e podem ter implicações significativas para as oportunidades e os resultados dos indivíduos.

Uma das principais fontes de enviesamento nas avaliações de IA e de QI são os dados utilizados para treinar modelos de aprendizagem automática. Se os dados de treino não forem representativos da população que está a ser avaliada, os algoritmos de IA resultantes podem produzir resultados

"

tendenciosos ou imprecisos. Por exemplo, se uma ferramenta de avaliação cognitiva for treinada predominantemente com dados de indivíduos de um determinado contexto demográfico ou socioeconómico, pode não captar com precisão as capacidades cognitivas de indivíduos de outros contextos.

Outra fonte de enviesamento nas avaliações de IA e de QI é a conceção e o desenvolvimento dos próprios instrumentos de avaliação. Se as tarefas de avaliação, as perguntas ou os critérios de pontuação forem tendenciosos em relação a determinados grupos ou características, os resultados podem não refletir com exatidão as capacidades cognitivas dos indivíduos. Por exemplo, um instrumento de avaliação cognitiva que inclua referências ou linguagem culturalmente específicas pode prejudicar indivíduos de diferentes origens culturais.

Implicações do enviesamento nas avaliações de IA e de QI: A presença de preconceitos nas avaliações de IA e de QI pode ter implicações de grande alcance para os indivíduos e para a sociedade em geral. As avaliações inexactas ou tendenciosas podem conduzir a um tratamento injusto, à discriminação e à perpetuação de estereótipos. Por exemplo, se os algoritmos de IA utilizados nos processos de contratação apresentarem preconceitos em relação a determinados grupos demográficos, isso pode resultar em práticas de contratação discriminatórias e exacerbar as disparidades existentes nas oportunidades de emprego.

Os preconceitos nas avaliações de IA e de QI podem também perpetuar a desigualdade na educação e nos cuidados de saúde. Se os instrumentos de avaliação cognitiva forem tendenciosos em relação a determinados grupos, podem conduzir a um diagnóstico incorreto ou subdiagnóstico de deficiências cognitivas, dificuldades de aprendizagem ou problemas de saúde mental, resultando em apoio e recursos inadequados para os indivíduos afectados. Do mesmo modo, as avaliações tendenciosas em contextos educativos podem contribuir para disparidades nos resultados académicos e perpetuar as desigualdades no acesso a uma educação de qualidade.

Abordar os preconceitos nas avaliações de IA e QI: A abordagem dos preconceitos nas avaliações de IA e de QI requer uma abordagem multifacetada que envolva partes interessadas de diversas origens, incluindo investigadores, programadores, decisores políticos e membros da comunidade. Uma estratégia fundamental é garantir a diversidade e a representatividade dos dados utilizados para treinar os algoritmos de IA. Isto pode implicar a recolha de dados de diversas populações, incluindo grupos sub-representados, e a utilização de técnicas como o aumento de dados e medidas de equidade algorítmica para atenuar os preconceitos.

Outra estratégia consiste em incorporar a transparência e a responsabilidade na conceção e desenvolvimento de ferramentas de avaliação da IA e do QI. Isto inclui a documentação das fontes de dados utilizadas para treinar algoritmos, a divulgação de quaisquer enviesamentos ou limitações das ferramentas de avaliação e a possibilidade de avaliação e validação independentes do desempenho das ferramentas. Além disso, o envolvimento de diversas partes interessadas no processo de conceção e validação pode ajudar a identificar e atenuar potenciais enviesamentos antes da sua utilização.

A educação e a sensibilização são também cruciais para combater os preconceitos nas avaliações da inteligência artificial e do QI. Ao sensibilizar para a presença e o impacto do enviesamento na avaliação cognitiva, podemos capacitar os indivíduos para avaliarem criticamente as ferramentas de avaliação e defenderem a justiça e a equidade no seu desenvolvimento e implementação. Isto pode implicar a oferta de formação e de recursos a educadores, profissionais de saúde e decisores políticos sobre o reconhecimento e a atenuação dos preconceitos nas avaliações de IA e de QI.

Considerações éticas sobre sistemas de aprendizagem baseados em IA

Numa era marcada pelo rápido avanço das tecnologias de inteligência artificial (IA), a integração de sistemas de aprendizagem orientados para a IA em vários aspectos das nossas vidas tornou-se cada vez mais predominante. Desde algoritmos de recomendação personalizados a sistemas de tutoria inteligentes, a IA está a remodelar a forma como aprendemos, trabalhamos e interagimos com o mundo à nossa volta. No entanto, à medida que a IA se torna mais difundida, traz consigo uma série de considerações éticas que devem ser cuidadosamente navegadas para garantir a sua utilização responsável e equitativa.

Justiça e equidade: Uma das principais considerações éticas nos sistemas de aprendizagem baseados em IA é garantir a justiça e a equidade na sua conceção e implementação. Os algoritmos de IA têm o potencial de perpetuar ou exacerbar preconceitos e desigualdades existentes se não forem cuidadosamente examinados e calibrados. Por exemplo, os algoritmos de recomendação utilizados em plataformas educativas podem, inadvertidamente, reforçar estereótipos ou favorecer determinados grupos demográficos em detrimento de outros, conduzindo a um acesso desigual a oportunidades educativas.

Para responder a estas preocupações, os criadores e as partes interessadas devem dar prioridade à justiça e à equidade ao longo de todo o ciclo de vida dos sistemas de aprendizagem baseados em IA. Isto inclui a recolha de dados diversificados e representativos, a auditoria regular de algoritmos para detetar preconceitos e a implementação de mecanismos para a tomada de decisões conscientes da justiça. Além disso, a incorporação de diversas perspectivas e conhecimentos no processo de conceção e avaliação pode ajudar a mitigar o risco de enviesamento e discriminação não intencionais.

Transparência e explicabilidade: A transparência e a explicabilidade são princípios essenciais para garantir a responsabilidade e a fiabilidade dos sistemas de aprendizagem baseados na IA. Os utilizadores, os educadores e os decisores políticos devem ser capazes de compreender como os algoritmos de IA tomam decisões e por que razão são produzidos determinados resultados. No entanto, muitos modelos de IA, nomeadamente os modelos de aprendizagem profunda, funcionam como caixas negras, o que dificulta a interpretação do seu funcionamento interno.

Para responder a este desafio, os investigadores estão a desenvolver métodos para aumentar a transparência e a explicabilidade dos algoritmos de IA. Técnicas como a interpretação de modelos, a análise da importância das características e os mecanismos de atenção podem fornecer informações sobre a forma como os modelos de IA chegam às suas previsões. Além disso, a promoção da transparência no desenvolvimento e implementação de sistemas de aprendizagem baseados em IA pode fomentar uma maior confiança entre os utilizadores e facilitar um diálogo significativo sobre as suas implicações éticas.

Privacidade e proteção de dados: A privacidade e a proteção de dados são preocupações fundamentais na era da IA, em que grandes quantidades de dados pessoais são recolhidas, processadas e analisadas para treinar modelos de aprendizagem automática. No contexto dos sistemas de aprendizagem orientados para a IA, a natureza sensível dos dados educativos exige salvaguardas robustas para proteger a privacidade do utilizador e impedir o acesso não autorizado ou a utilização indevida.

As instituições de ensino e os fornecedores de tecnologia têm de cumprir regulamentos rigorosos de proteção de dados e orientações éticas ao recolher e tratar dados dos alunos. Isto inclui a obtenção do consentimento informado dos utilizadores, a anonimização ou pseudonimização dos dados para minimizar o risco de reidentificação e a implementação de medidas de segurança rigorosas para proteger contra violações de dados. Além disso, a adoção de técnicas de preservação da privacidade, como a aprendizagem federada, a privacidade diferencial e a encriptação homomórfica, pode ajudar a mitigar os riscos de privacidade, permitindo simultaneamente experiências de aprendizagem colaborativas e baseadas em dados.

Prestação de contas e responsabilidade: À medida que os sistemas de aprendizagem baseados em IA desempenham um papel cada vez mais importante na educação e na formação, as questões de responsabilidade e responsabilização tornam-se preponderantes. Quem é, em última análise, responsável pelas decisões tomadas pelos algoritmos de IA e como se pode garantir a responsabilização em caso de erros ou danos? Estas são questões complexas que exigem uma análise e deliberação cuidadosas.

Educadores, programadores, decisores políticos e outras partes interessadas têm um papel a desempenhar na promoção da responsabilização e da utilização responsável dos sistemas de aprendizagem baseados em IA. Isto inclui o estabelecimento de linhas claras de responsabilidade e responsabilização, a implementação de mecanismos de monitorização e auditoria de decisões algorítmicas e a disponibilização de vias de recurso em casos de parcialidade, discriminação ou danos causados por algoritmos. Além disso, a promoção de uma cultura de sensibilização ética e de aprendizagem contínua pode ajudar a cultivar uma compreensão partilhada das implicações éticas das tecnologias de IA e capacitar os indivíduos para tomarem decisões informadas sobre a sua utilização.

Mitigação de preconceitos e equidade algorítmica: Abordar o preconceito algorítmico e promover a justiça algorítmica são desafios críticos no desenvolvimento e implementação de sistemas de aprendizagem baseados em IA. Os preconceitos podem manifestar-se de várias formas, incluindo preconceitos raciais, preconceitos de género, preconceitos socioeconómicos e preconceitos cognitivos, e podem ter consequências de grande alcance para a equidade educativa e a justiça social.

Para mitigar o enviesamento nos sistemas de aprendizagem orientados para a IA, os programadores devem adotar uma abordagem multidisciplinar que incorpore princípios de justiça, responsabilidade e transparência no processo de conceção e avaliação. Isto inclui a realização de avaliações e auditorias minuciosas dos preconceitos, a diversificação dos dados de formação para garantir a representatividade e a inclusão, e a implementação de algoritmos sensíveis aos preconceitos que dão prioridade à justiça e à equidade. Além disso, a monitorização e a avaliação contínuas dos sistemas de IA são essenciais para identificar e abordar os preconceitos emergentes e garantir que continuam a estar alinhados com as normas éticas e os valores sociais.

Justiça e equidade nas aplicações de IA

À medida que a inteligência artificial (IA) continua a permear vários aspectos das nossas vidas, desde os cuidados de saúde à justiça penal, é fundamental garantir a justiça e a equidade nas suas aplicações. Embora os sistemas de IA tenham o potencial de simplificar os processos, otimizar a tomada de decisões e aumentar a eficiência, também têm a capacidade de perpetuar e exacerbar os preconceitos e as desigualdades existentes.

Compreender o preconceito na IA: O preconceito na IA refere-se ao favoritismo sistemático e injusto ou à discriminação contra determinados indivíduos ou grupos com base em características como a raça, o género, a etnia ou o estatuto socioeconómico. O preconceito pode manifestar-se de várias formas, incluindo o preconceito de dados, o preconceito algorítmico e o preconceito social. O enviesamento dos dados ocorre quando os dados de treino utilizados para desenvolver modelos de IA não são representativos ou são enviesados, levando a previsões ou resultados tendenciosos. O enviesamento algorítmico surge quando os algoritmos codificam ou perpetuam os enviesamentos sociais existentes nos dados, resultando em decisões discriminatórias ou injustas.

Um exemplo de preconceito na IA é a tecnologia de reconhecimento facial, em que estudos demonstraram taxas de erro mais elevadas para pessoas com tons de pele mais escuros e mulheres, em comparação com indivíduos de pele mais clara e homens. Este facto realça a importância de abordar os preconceitos nos sistemas de IA para garantir a justiça e a equidade entre populações diversas.

Estratégias para garantir a equidade na IA: A abordagem dos preconceitos e a promoção da equidade na IA requerem uma abordagem multifacetada que engloba a recolha de dados, a conceção de algoritmos, a avaliação de modelos e os processos de tomada de decisões. Uma estratégia é dar prioridade à recolha de dados diversificados e representativos, garantindo que os conjuntos de dados de formação são inclusivos e abrangem todo o espetro de características demográficas e contextos sociais. Isto envolve a procura ativa de perspectivas diversas, o envolvimento com as comunidades afectadas pelos sistemas de IA e a incorporação de feedback ao longo do processo de recolha de dados.

A transparência e a interpretabilidade dos algoritmos são também cruciais para identificar e atenuar os enviesamentos nos sistemas de IA. Ao tornar os algoritmos e os processos de tomada de decisão transparentes e compreensíveis, as partes interessadas podem escrutinar e auditar os sistemas de IA para garantir a sua equidade e responsabilidade. Técnicas como a IA explicável (XAI) visam fornecer informações sobre a forma como os modelos de IA chegam às decisões, permitindo aos utilizadores avaliar a equidade e as implicações éticas dos resultados algorítmicos.

Além disso, a integração de técnicas conscientes da equidade no desenvolvimento de modelos de IA pode ajudar a atenuar os enviesamentos e a promover a equidade na tomada de decisões. Os algoritmos sensíveis à equidade utilizam técnicas matemáticas como as restrições de equidade, as estratégias de atenuação de enviesamentos e os quadros de equidade contrafactual para garantir que os sistemas de IA tratam os indivíduos de forma justa e equitativa nos diferentes grupos demográficos.

Considerações éticas sobre uma IA justa: Garantir a justiça e a equidade nas aplicações de IA suscita considerações éticas importantes que vão para além das soluções técnicas. Princípios éticos como a transparência, a responsabilidade e a justiça devem ser incorporados na conceção, desenvolvimento e implementação de sistemas de IA. Isto implica o envolvimento de diversas partes interessadas, incluindo comunidades afectadas, especialistas em ética, decisores políticos e organismos reguladores, para co-criar directrizes e normas éticas para a governação da IA.

Além disso, os profissionais e os criadores de IA devem ter em conta as implicações sociais mais vastas do seu trabalho e esforçar-se por atenuar os potenciais danos e injustiças. Isto exige um compromisso com a tomada de decisões éticas, o acompanhamento e a avaliação contínuos dos sistemas de IA para detetar preconceitos e resultados discriminatórios, e mecanismos de reparação e recurso para os indivíduos afectados negativamente por decisões baseadas em IA.

Políticas e regulamentos para uma utilização responsável da IA

À medida que a inteligência artificial (IA) continua a permear vários aspectos das nossas vidas, desde os cuidados de saúde e as finanças aos transportes e à educação, as preocupações com as suas implicações éticas têm vindo a ganhar destaque. A utilização responsável e ética da IA é fundamental para garantir que os seus benefícios são maximizados, atenuando simultaneamente os potenciais riscos e danos.

Compreender a IA ética: A IA ética engloba princípios e práticas que dão prioridade à equidade, transparência, responsabilidade e privacidade no desenvolvimento, implementação e utilização de sistemas de IA. Na sua essência, a IA ética procura assegurar que as tecnologias de IA estão alinhadas com os valores sociais, respeitam os direitos humanos e promovem o bem comum. As principais considerações éticas na IA incluem a parcialidade e a equidade, a transparência e a explicabilidade, a prestação de contas e a responsabilidade, a privacidade e a proteção de dados e o impacto social.

Políticas e regulamentos para uma utilização ética da IA: Os governos, as organizações internacionais, os organismos industriais e os grupos da sociedade civil estão a reconhecer cada vez mais a necessidade de políticas e regulamentos para governar a utilização da IA. Essas políticas e regulamentos têm como objetivo fornecer orientação, definir padrões e estabelecer mecanismos de responsabilidade para o desenvolvimento e implantação éticos da IA. Embora as abordagens variem consoante as jurisdições, os temas comuns incluem princípios éticos, quadros regulamentares, esquemas de certificação e mecanismos de supervisão.

Princípios éticos: Muitos países e organizações articularam princípios éticos para orientar o desenvolvimento e a implementação da IA. Esses princípios geralmente enfatizam valores centrados no ser humano, como justiça, transparência, responsabilidade, privacidade e inclusão. Por exemplo, as Directrizes Éticas da União Europeia para uma IA fiável defendem princípios como a agência e supervisão humanas, a robustez e segurança técnicas, a privacidade e a governação de dados, a transparência, a diversidade, a não discriminação, o bem-estar social e ambiental e a responsabilidade.

Quadros regulamentares: Para além dos princípios éticos, os quadros regulamentares desempenham um papel crucial na governação da utilização da IA. Estes quadros englobam leis, regulamentos, normas e directrizes que estabelecem requisitos e obrigações para os criadores, utilizadores e partes interessadas da IA. Alguns países introduziram legislação específica sobre IA ou alteraram as leis existentes para abordar preocupações éticas. Por exemplo, o Regulamento Geral de Proteção de Dados (RGPD) da União Europeia impõe requisitos rigorosos para o processamento de dados pessoais, incluindo sistemas de IA.

Sistemas de certificação: Os sistemas de certificação estão a surgir como um mecanismo para avaliar e demonstrar a conformidade com os princípios éticos da IA e com os requisitos regulamentares. Estes esquemas envolvem organismos de certificação independentes ou agências de acreditação que avaliam os sistemas de IA em função de critérios ou normas predefinidos. A certificação dá garantias às partes interessadas, como utilizadores, clientes e reguladores, de que os sistemas de IA cumprem as normas éticas e legais. Por exemplo, o Gabinete para a IA do Reino Unido propôs um sistema de certificação voluntário para sistemas de IA, conhecido como a Marca de Garantia da IA, para demonstrar a conformidade com os requisitos éticos e legais.

Mecanismos de controlo: Mecanismos de supervisão eficazes são essenciais para garantir o cumprimento dos princípios éticos da IA e dos requisitos regulamentares. Esses mecanismos podem incluir agências reguladoras, ombudsman, conselhos de ética ou auditores independentes encarregados de monitorar os sistemas de IA, investigar reclamações ou violações e impor sanções ou remédios quando necessário. A transparência e a responsabilidade são componentes cruciais da supervisão, garantindo que as decisões e ações relacionadas à IA estejam sujeitas a escrutínio e revisão. Por exemplo, o governo canadiano criou o Centro Canadiano de

Cibersegurança (CCCS) para supervisionar as iniciativas de IA e garantir o cumprimento das normas éticas e de segurança.

Desafios e direcções futuras: Apesar dos esforços para desenvolver políticas e regulamentações para o uso ético da IA, muitos desafios permanecem. Esses desafios incluem a complexidade e a rápida evolução das tecnologias de IA, a falta de harmonização e consistência nas abordagens regulatórias entre jurisdições, a necessidade de colaboração interdisciplinar e envolvimento das partes interessadas e o equilíbrio entre inovação e regulamentação. A resolução destes desafios exigirá um diálogo, colaboração e adaptação contínuos para garantir que as políticas e os regulamentos acompanham os avanços da IA, ao mesmo tempo que defendem os princípios éticos e salvaguardam o bem-estar da sociedade.

As políticas e os regulamentos para a utilização ética da IA são essenciais para promover o desenvolvimento e a implantação responsáveis da IA e salvaguardar os valores sociais e os direitos humanos. Os princípios éticos, os quadros regulamentares, os sistemas de certificação e os mecanismos de supervisão desempenham papéis complementares na orientação das práticas de IA e na garantia do cumprimento das normas éticas e legais. À medida que a IA continua a evoluir e a permear vários domínios, os esforços contínuos para desenvolver e implementar políticas e regulamentos sólidos são cruciais para promover a confiança, a responsabilização e a aceitação social das tecnologias de IA. Ao adotar os princípios éticos da IA e ao adotar os quadros regulamentares, podemos aproveitar o potencial da IA para beneficiar a humanidade, minimizando simultaneamente os seus riscos e danos.

CAPÍTULO 8

IA e Inteligência Emocional (QE)

Ashwani Kumar

Escola de Engenharia e Tecnologia

K. R. Mangalam University, Gurugram, Haryana, Índia

Sudesh Singh

Departamento de Informática

NIET, Greater Noida, Uttar Pradesh, Índia

Introdução

A inteligência emocional (IE), muitas vezes referida como quociente emocional (QE), é uma faceta crucial da psicologia humana que influencia a forma como os indivíduos percepcionam, expressam e regulam as emoções. Ao contrário das medidas tradicionais de inteligência, que se centram nas capacidades cognitivas, como o raciocínio e a resolução de problemas, a IE engloba uma vasta gama de competências emocionais que desempenham um papel fundamental no sucesso pessoal e profissional.

Compreender a inteligência emocional: A inteligência emocional pode ser definida, em termos gerais, como a capacidade de reconhecer, compreender e gerir as próprias emoções, bem como de percecionar e influenciar as emoções dos outros. Engloba várias componentes-chave, incluindo a auto-consciência, a autorregulação, a consciência social e a gestão de relações. Os indivíduos com elevada IE são hábeis a reconhecer as suas próprias emoções e as emoções dos outros, a navegar eficazmente em situações sociais e a construir relações interpessoais fortes.

Um dos elementos fundamentais da IE é a autoconsciência, que implica um conhecimento profundo das próprias emoções, pontos fortes, pontos fracos, valores e objectivos. Os indivíduos com auto consciência estão sintonizados com os seus sentimentos e podem avaliar com precisão a forma como as suas emoções influenciam os seus pensamentos e comportamentos. Esta consciência permite-lhes tomar decisões informadas, gerir eficazmente o stress e manter um sentido de autenticidade nas suas interacções com os outros.

A autorregulação é outra componente essencial da IE, abrangendo a capacidade de controlar e redirecionar impulsos e emoções perturbadoras. Os indivíduos com uma forte autorregulação conseguem gerir as suas emoções em situações difíceis, resistir à tentação e manter a compostura sob pressão. Esta competência é crucial para manter relações saudáveis, tomar decisões acertadas e atingir objectivos a longo prazo.

A consciência social envolve a capacidade de sentir empatia pelos outros e de compreender as suas emoções, perspectivas e necessidades. Os indivíduos socialmente conscientes são hábeis na leitura de sinais sociais, na perceção da comunicação não-verbal e na resposta adequada às emoções dos outros. Esta competência promove a empatia, a compaixão e a comunicação efectiva, essenciais para a construção de relações interpessoais sólidas e para navegar na dinâmica social.

Por último, a gestão das relações engloba a capacidade de comunicar eficazmente, resolver conflitos e construir e manter relações saudáveis. Os indivíduos com fortes competências de gestão de relações são comunicadores competentes, capazes de exprimir as suas necessidades e sentimentos de forma assertiva, ao mesmo tempo que estão atentos às necessidades e sentimentos dos outros. São capazes de lidar com conflitos interpessoais de forma construtiva, de criar confiança e relações e de colaborar eficazmente com os outros.

Importância da inteligência emocional: A inteligência emocional desempenha um papel fundamental em vários aspectos da vida, desde as relações pessoais até ao sucesso profissional. A investigação demonstrou que os indivíduos com uma elevada IE tendem a experimentar um maior bem-estar psicológico, a ter relações mais saudáveis e a ter um melhor desempenho no local de trabalho. São mais resilientes perante a adversidade, mais capazes de gerir o stress e mais hábeis a lidar com situações sociais complexas.

No local de trabalho, a inteligência emocional é cada vez mais reconhecida como um fator determinante do sucesso. Os empregadores valorizam os empregados que possuem fortes competências interpessoais, uma vez que são mais capazes de colaborar com os colegas, comunicar eficazmente e resolver conflitos. Os líderes com uma elevada IE são mais hábeis a inspirar e motivar as suas equipas, a promover um ambiente de trabalho positivo e a impulsionar o sucesso organizacional.

A inteligência emocional também desempenha um papel crucial na eficácia da liderança. Os líderes emocionalmente inteligentes são mais capazes de compreender e de se relacionar com os membros da sua equipa, de inspirar confiança e lealdade e de adaptar o seu estilo de liderança às necessidades de diferentes indivíduos e situações. São hábeis a gerir conflitos, a dar feedback construtivo e a promover uma cultura de comunicação e colaboração abertas.

Métodos para desenvolver a inteligência emocional: Embora alguns indivíduos possam possuir naturalmente níveis mais elevados de inteligência emocional, a IE é uma competência que pode ser desenvolvida e melhorada ao longo do tempo. Existem várias estratégias e técnicas que os indivíduos podem utilizar para cultivar a sua inteligência emocional e reforçar as suas competências interpessoais.

A autoconsciência pode ser desenvolvida através de práticas como a escrita de diários, a meditação e a autorreflexão. Estas actividades encorajam os indivíduos a explorar mais profundamente os seus pensamentos, sentimentos e comportamentos, conduzindo a uma maior autoconsciência e compreensão de si próprios.

A autorregulação pode ser cultivada através de técnicas como os exercícios de respiração profunda, o relaxamento muscular progressivo e o reenquadramento cognitivo. Estas práticas ajudam os indivíduos a gerir o stress, a regular as suas emoções e a responder mais eficazmente a situações difíceis.

A consciência social pode ser melhorada através de actividades como a escuta ativa, a tomada de perspetiva e o treino da empatia. Estas práticas ajudam os indivíduos a desenvolver uma maior compreensão das emoções, perspectivas e experiências dos outros, promovendo a empatia, a compaixão e a ligação interpessoal.

As competências de gestão de relações podem ser aperfeiçoadas através de técnicas como a comunicação assertiva, a formação em resolução de conflitos e exercícios de construção de relações. Estas práticas ajudam os indivíduos a melhorar as suas capacidades de comunicação, a resolver conflitos de forma construtiva e a construir e manter relações saudáveis.

Aplicações práticas da inteligência emocional: A inteligência emocional tem inúmeras aplicações práticas em vários aspectos da vida, desde as relações pessoais ao sucesso profissional. Nas relações pessoais, os indivíduos com elevada IE são mais capazes de comunicar eficazmente, resolver conflitos e construir e manter relações saudáveis. São parceiros mais empáticos, compreensivos e solidários, o que promove uma maior intimidade, confiança e ligação.

No local de trabalho, a inteligência emocional é um fator determinante para o sucesso. Os trabalhadores com uma elevada IE são mais capazes de colaborar com os colegas, de comunicar eficazmente e de lidar com a dinâmica do local de trabalho. São mais resilientes perante a adversidade, mais capazes de gerir o stress e mais aptos a criar e liderar equipas de elevado desempenho.

Em funções de liderança, a inteligência emocional é essencial para uma liderança eficaz. Os líderes com uma elevada IE são mais capazes de compreender e de se relacionar com os membros da sua equipa, de inspirar confiança e lealdade e de adaptar o seu estilo de liderança às necessidades de diferentes indivíduos e situações. São hábeis a gerir conflitos, a dar feedback construtivo e a promover um ambiente de trabalho positivo.

Sistemas de IA com capacidades de inteligência emocional

A inteligência artificial (IA) registou progressos notáveis nos últimos anos, com aplicações que vão do reconhecimento de imagens ao processamento de linguagem natural. No entanto, um aspeto da inteligência humana que há muito escapa aos sistemas de IA é a inteligência emocional. As emoções desempenham um papel crucial na cognição humana, influenciando a tomada de decisões, as interacções sociais e o bem-estar geral. Nesta secção, aprofundamos o campo emergente dos sistemas de IA com capacidades de inteligência emocional, explorando os desafios, as oportunidades e as considerações éticas associadas à capacidade de as máquinas compreenderem e responderem às emoções humanas.

Compreender a inteligência emocional: A inteligência emocional engloba a capacidade de reconhecer, compreender e gerir as próprias emoções e as emoções dos outros. Envolve competências como a empatia, a auto-consciência, a consciência social e a gestão de relações. Embora os sistemas de IA tradicionais sejam excelentes em tarefas que exigem raciocínio lógico e reconhecimento de padrões, têm dificuldade em lidar com as complexidades das emoções humanas.

m dos principais desafios no desenvolvimento de sistemas de IA com capacidades de inteligência emocional reside na definição e quantificação das emoções. Ao contrário de outras formas de dados, como texto ou valores numéricos, as emoções são subjectivas e dependentes do contexto, o que as torna difíceis de captar e interpretar algoritmicamente. No entanto, os avanços na computação afectiva, um campo que se centra no desenvolvimento de sistemas de IA capazes de reconhecer e responder às emoções humanas, abriram caminho a novas abordagens para compreender a inteligência emocional.

Sistemas de IA com capacidades de inteligência emocional: Os recentes avanços na aprendizagem profunda, no processamento da linguagem natural e na computação afectiva permitiram o desenvolvimento de sistemas de IA com capacidades de inteligência emocional. Estes sistemas tiram partido de grandes conjuntos de dados de interacções humanas, expressões faciais, entoações vocais e sinais fisiológicos para aprender padrões associados a diferentes emoções. Treinando com estes dados, os algoritmos de IA podem reconhecer sinais emocionais e inferir os sentimentos e intenções subjacentes dos indivíduos.

Um exemplo de um sistema de IA com capacidades de inteligência emocional é a análise de sentimentos, uma técnica utilizada para analisar dados de texto e determinar o tom emocional expresso nos mesmos. Os algoritmos de análise de sentimentos podem classificar o texto como positivo, negativo ou neutro com base nas palavras e frases utilizadas, permitindo aplicações como a monitorização das redes sociais, a análise do feedback dos clientes e o acompanhamento do sentimento da marca.

Outro exemplo é a computação afectiva na interação homem-computador, em que os sistemas de IA são concebidos para detetar e responder aos estados emocionais dos utilizadores em tempo real. Por exemplo, os assistentes virtuais inteligentes podem ajustar as suas respostas com base no estado de espírito do utilizador, oferecendo apoio e encorajamento quando necessário ou adaptando o seu tom e comportamento para corresponder ao estado emocional do utilizador.

Desafios e considerações éticas: Embora os sistemas de IA com capacidades de inteligência emocional sejam promissores para melhorar a interação humano-computador e personalizar as experiências dos utilizadores, também levantam desafios significativos e considerações éticas. Uma das preocupações é o potencial de enviesamento dos algoritmos de reconhecimento de emoções, que podem classificar incorretamente e de forma desproporcionada determinadas emoções ou populações, conduzindo a consequências indesejadas e reforçando as desigualdades existentes.

A privacidade é outra questão a considerar, uma vez que os sistemas de IA com capacidades de inteligência emocional podem, inadvertidamente, captar informações sensíveis sobre as emoções dos utilizadores sem o seu consentimento. Isto levanta questões sobre a propriedade dos dados, o consentimento e a utilização ética dos dados emocionais na tomada de decisões algorítmicas.

Além disso, existem preocupações quanto à potencial manipulação das emoções pelos sistemas de IA, nomeadamente em contextos como a publicidade, as mensagens políticas e as tecnologias de persuasão. A capacidade dos sistemas de IA para influenciar as emoções humanas levanta questões éticas sobre a autonomia, o consentimento e os limites da persuasão aceitável.

O papel da inteligência artificial na melhoria do QE humano

A inteligência emocional (QE) é um aspeto vital da cognição humana, que engloba a capacidade de perceber, compreender e regular as emoções em si próprio e nos outros. Desempenha um papel crucial no sucesso pessoal e profissional, influenciando as relações, a tomada de decisões e o bem-estar geral. Nos últimos anos, a inteligência artificial (IA) surgiu como uma ferramenta poderosa para melhorar o QE humano, oferecendo soluções inovadoras para aumentar a consciência emocional, a empatia e as competências sociais.

Compreender a inteligência emocional: Antes de nos debruçarmos sobre o papel da IA na melhoria do QE, é essencial compreender os componentes da inteligência emocional. De acordo com Daniel Goleman, um pioneiro nesta área, o QE consiste em quatro domínios-chave: autoconsciência, autogestão, consciência social e gestão de relações. A auto-consciência envolve o reconhecimento e a compreensão das próprias emoções, pontos fortes e fracos. A autogestão implica a regulação das emoções, o controlo dos impulsos e a adaptação às circunstâncias em mudança. A consciência social engloba a empatia, a capacidade de compreender e reagir às emoções dos outros, enquanto a gestão de relações envolve a gestão eficaz de relações e conflitos interpessoais.

A importância da inteligência emocional: A inteligência emocional é cada vez mais reconhecida como um fator determinante do sucesso em vários domínios da vida. A investigação demonstrou que os indivíduos com um QE elevado estão mais bem equipados para navegar nas interacções sociais, comunicar eficazmente e lidar com o stress e a adversidade. No local de trabalho, os líderes com QE elevado são mais hábeis a inspirar e motivar as suas equipas, a promover a colaboração e a resolver conflitos. Além disso, os indivíduos com QE elevado tendem a ter melhores resultados em termos de saúde mental, incluindo níveis reduzidos de ansiedade, depressão e esgotamento.

O papel da IA no reforço da inteligência emocional: A IA tem um enorme potencial para melhorar a inteligência emocional, fornecendo ferramentas e intervenções para desenvolver a consciência emocional, a empatia e as competências sociais. Uma das principais formas de a IA contribuir para este objetivo é através da tecnologia de reconhecimento de emoções, que utiliza algoritmos de aprendizagem automática para analisar expressões faciais, entoações vocais e outros sinais fisiológicos para inferir estados emocionais. Ao identificar com precisão as emoções em tempo real, estas tecnologias podem ajudar as pessoas a tornarem-se mais conscientes das suas próprias emoções e das dos outros.

Outra forma de a IA melhorar o QE é através de simulações de realidade virtual (RV) e de plataformas digitais interactivas que oferecem experiências imersivas para praticar e aperfeiçoar as competências emocionais. Estas simulações podem recriar cenários sociais desafiantes, tais como entrevistas de emprego ou compromissos de falar em público, permitindo que os indivíduos pratiquem a gestão das suas emoções e respostas num ambiente seguro e controlado. Ao fornecerem feedback e formação em tempo real, as simulações baseadas em IA permitem que os indivíduos desenvolvam uma maior auto-consciência, empatia e eficácia interpessoal.

Além disso, os chatbots e os assistentes virtuais baseados em IA estão a ser utilizados como companheiros digitais para fornecer apoio e orientação emocional. Estes agentes de conversação utilizam algoritmos de processamento de linguagem natural (PNL) e de análise de sentimentos para envolver os utilizadores em conversas empáticas, oferecer conselhos personalizados e ajudá-los a enfrentar desafios emocionais. Ao promoverem uma comunicação aberta e ao fornecerem apoio sem julgamentos, os chatbots alimentados por IA podem servir como ferramentas valiosas para melhorar o bem-estar emocional e a resiliência.

Considerações e desafios éticos: Embora a IA tenha o potencial de melhorar a inteligência emocional, a sua utilização levanta considerações e desafios éticos que devem ser abordados. Existem preocupações sobre a privacidade e a segurança dos dados, em particular no que diz respeito à recolha e análise de dados emocionais sensíveis. Além disso, existe o risco de enviesamento algorítmico, em que os sistemas de IA podem perpetuar ou amplificar os enviesamentos existentes no reconhecimento e na resposta às emoções. Além disso, há questões sobre a utilização adequada da IA em domínios sensíveis, como os cuidados de saúde mental, em que a empatia e o discernimento humanos são essenciais.

Estudos de casos: Aplicações de IA na Inteligência Emocional

A inteligência emocional (IE) desempenha um papel fundamental em vários aspectos da interação humana, desde as relações pessoais ao sucesso profissional. Com o aparecimento da inteligência artificial (IA), tem havido um interesse crescente em tirar partido das tecnologias de IA para melhorar a inteligência emocional e facilitar uma comunicação e uma tomada de decisões mais eficazes.

Estudo de caso 1: Análise de sentimentos no serviço ao cliente

Uma das aplicações mais comuns da IA na inteligência emocional é a análise de sentimentos, que envolve a deteção e análise automatizadas de emoções expressas em dados de texto. No domínio do serviço ao cliente, as empresas estão a recorrer cada vez mais a ferramentas de análise de sentimentos baseadas em IA para monitorizar o feedback dos clientes, identificar padrões de sentimentos e avaliar a satisfação geral dos clientes.

Por exemplo, uma plataforma líder de comércio eletrónico implementou uma análise de sentimentos baseada em IA para analisar as opiniões e o feedback dos clientes. Ao categorizar automaticamente os sentimentos como positivos, negativos ou neutros, a plataforma foi capaz de identificar tendências emergentes, identificar áreas de melhoria e responder prontamente às preocupações dos clientes. Como resultado, as pontuações de satisfação do cliente melhoraram e a empresa obteve informações valiosas sobre as preferências e os pontos fracos dos clientes.

Estudo de caso 2: Reconhecimento de emoções na interação homem-computador

Outra área em que a IA está a dar passos significativos na inteligência emocional é o reconhecimento de emoções, que envolve a deteção e interpretação automáticas das emoções humanas a partir de expressões faciais, entoações de voz e outras pistas não verbais. A tecnologia de reconhecimento de emoções tem aplicações em vários domínios, incluindo a interação homem-computador, os assistentes virtuais e a monitorização da saúde mental.

Um exemplo notável é a utilização do reconhecimento de emoções em contextos educativos para personalizar as experiências de aprendizagem e proporcionar intervenções direccionadas para os alunos. Um sistema de tutoria baseado em IA utilizou tecnologia de reconhecimento facial para analisar as expressões faciais dos alunos e avaliar os seus estados emocionais durante as actividades de aprendizagem. Ao detetar sinais de frustração, confusão ou envolvimento, o sistema ajustou dinamicamente o ritmo e o conteúdo da instrução, conduzindo a melhores resultados de aprendizagem e a um maior envolvimento dos alunos.

Estudo de caso 3: Chatbots de IA para apoio à saúde mental

Nos últimos anos, os chatbots alimentados por IA surgiram como uma ferramenta promissora para prestar serviços de apoio e aconselhamento no domínio da saúde mental. Estes chatbots utilizam algoritmos de processamento de linguagem natural (PNL) para estabelecerem conversações com os utilizadores, fornecendo respostas empáticas, psicoeducação e estratégias de gestão do sofrimento emocional.

Um exemplo notável é o Woebot, um chatbot de IA concebido para realizar intervenções de terapia cognitivo-comportamental (TCC) para a ansiedade e a depressão. O Woebot envolve os utilizadores em conversas interactivas, orientando-os através de técnicas de TCC baseadas em evidências, como a reestruturação cognitiva e a ativação comportamental. Através de feedback e apoio personalizados, o Woebot ajuda os utilizadores a desenvolverem competências de enfrentamento, a desafiarem pensamentos negativos e a melhorarem a resiliência emocional.

Estudo de caso 4: Assistentes emocionalmente inteligentes baseados em IA

Com a proliferação de assistentes virtuais como a Siri, a Alexa e o Google Assistant, há um interesse crescente em melhorar estas plataformas com capacidades de inteligência emocional. Os assistentes emocionalmente inteligentes orientados para a IA têm o potencial de compreender e responder às emoções dos utilizadores, personalizar as interacções e prestar apoio empático em vários contextos.

Por exemplo, o Replika, um chatbot alimentado por IA desenvolvido como um companheiro pessoal, utiliza algoritmos de compreensão e geração de linguagem natural para envolver os utilizadores em conversas significativas. Ao analisar os padrões de linguagem dos utilizadores, as pistas emocionais e o contexto da conversa, o Replika adapta as suas respostas para fornecer apoio empático, encorajamento e companhia. Os utilizadores relatam que se sentem compreendidos e apoiados pela Replika, o que realça o potencial dos assistentes emocionalmente inteligentes orientados para a IA para satisfazer necessidades sociais e emocionais.

CAPÍTULO 9
IA, criatividade e inovação

Ashwani Kumar

Escola de Engenharia e Tecnologia

K. R. Mangalam University, Gurugram, Haryana, Índia

Vijay Singh

Escola de Engenharia e Tecnologia Amity

Universidade de Amity, Noida, UP, Índia

Introdução

Há muito que a criatividade é considerada uma caraterística humana por excelência, abrangendo a capacidade de gerar novas ideias, soluções e expressões que transcendem o pensamento convencional. No entanto, nos últimos anos, a inteligência artificial (IA) surgiu como uma ferramenta poderosa para aumentar e melhorar os processos criativos em vários domínios.

A IA na colaboração criativa: Uma das aplicações mais promissoras da IA nos processos criativos é a sua capacidade de facilitar a colaboração entre humanos e máquinas. Em vez de substituir a criatividade humana, a IA actua como um cocriador, oferecendo ideias, sugestões e feedback para melhorar o processo criativo. Por exemplo, no domínio das artes visuais, as ferramentas de IA, como as redes adversárias generativas (GAN), podem ajudar os artistas a criar novos conceitos visuais, a explorar estilos alternativos e a experimentar diferentes composições.

Do mesmo modo, no domínio da composição musical, os algoritmos de IA podem analisar vastos conjuntos de dados de composições musicais, identificar padrões e estruturas e gerar melodias e harmonias originais. Esta abordagem colaborativa permite aos músicos explorar novos territórios musicais, quebrar barreiras criativas e ultrapassar os limites da composição musical tradicional.

A IA na exploração criativa: Outro papel fundamental da IA nos processos criativos é a sua capacidade de facilitar a exploração e a experimentação. Os algoritmos de IA podem gerar uma vasta gama de possibilidades, abrindo novas vias para a exploração e descoberta criativas. No domínio do design, por exemplo, as ferramentas alimentadas por IA podem gerar diversas alternativas de design, desde esquemas arquitectónicos a protótipos de produtos, permitindo aos designers explorar diferentes ideias e conceitos de forma rápida e eficiente.

Na literatura, os algoritmos de IA podem analisar vastos corpora de texto, identificar temas e motivos recorrentes e gerar novas narrativas e enredos. Isto permite que os escritores explorem estruturas de enredo alternativas, arcos de personagens e estilos narrativos, dando origem a novas ideias e inspiração no processo criativo.

IA na automatização criativa: Para além de auxiliar e aumentar os processos criativos, a IA também está a ser utilizada para automatizar tarefas repetitivas, libertando os profissionais criativos para se concentrarem em tarefas criativas de nível superior. No design gráfico, por exemplo, as ferramentas alimentadas por IA podem automatizar tarefas como o retoque de imagens, a conceção de layouts e a correção de cores, permitindo que os designers dediquem mais tempo à concetualização e à ideação.

Do mesmo modo, na produção musical, os algoritmos de IA podem automatizar tarefas como a mistura de áudio, a masterização e a síntese de som, permitindo que os músicos se concentrem na composição e nos arranjos musicais. Esta automatização não só aumenta a eficiência como também reforça a criatividade, eliminando barreiras técnicas e simplificando os processos de fluxo de trabalho.

Considerações éticas e direcções futuras: Embora a IA tenha um imenso potencial para melhorar os processos criativos, também levanta importantes considerações éticas relativamente à autoria, propriedade e autenticidade. medida que a IA se torna cada vez mais competente na criação de obras criativas, surgem questões sobre o papel dos criadores humanos e a distinção entre arte humana e arte gerada por máquinas.

No futuro, é essencial encontrar um equilíbrio entre o aproveitamento das capacidades da IA para aumentar a criatividade humana e a preservação da integridade e autenticidade da expressão criativa. Para tal, é necessário considerar cuidadosamente as directrizes éticas, os quadros jurídicos e as normas culturais que envolvem os conteúdos gerados pela IA.

Colaborações entre a Inteligência Artificial e a Criatividade Humana

A relação entre a inteligência artificial (IA) e a criatividade humana é uma fronteira fascinante no panorama em constante evolução da tecnologia e da inovação. Embora a IA seja frequentemente associada a tarefas que exigem precisão e eficiência computacional, o seu potencial para aumentar e melhorar a criatividade humana está a ser cada vez mais reconhecido.

IA e colaboração criativa na arte: Há muito que a arte é considerada uma atividade essencialmente humana, abrangendo uma vasta gama de formas expressivas, desde a pintura e a escultura à música e à literatura. No entanto, o advento da IA desafiou as noções tradicionais de criatividade, demonstrando a sua capacidade de gerar obras de arte que são simultaneamente inovadoras e esteticamente atractivas.

Um exemplo proeminente do papel da IA na colaboração criativa é a utilização de redes adversariais generativas (GAN) para criar arte visual. As GANs consistem em duas redes neuronais - um gerador e um discriminador

- que são treinadas em conjunto para gerar imagens realistas. Os artistas e tecnólogos estão a utilizar cada vez mais as GAN para explorar novas possibilidades artísticas, desde a criação de paisagens surreais até à criação de composições abstractas que ultrapassam os limites das formas de arte tradicionais.

Outra área de colaboração criativa entre a IA e os artistas humanos é o domínio das instalações artísticas interactivas. Estas instalações incorporam frequentemente algoritmos de IA que analisam e respondem aos contributos humanos, criando experiências imersivas e participativas para os espectadores. Por exemplo, as instalações alimentadas por IA podem alterar dinamicamente os elementos visuais e auditivos em resposta aos movimentos ou emoções do público, esbatendo as fronteiras entre o artista, a obra de arte e o público.

Composição musical e criatividade baseadas em IA: A música, tal como a arte, é uma forma de expressão profundamente humana que cativou o público durante séculos. Embora a ideia de música gerada por IA possa parecer inicialmente paradoxal, os avanços na aprendizagem automática e nas redes neuronais permitiram aos sistemas de IA compor música que é indistinguível das composições criadas por compositores humanos.

Uma abordagem à composição musical baseada na IA é a utilização de redes neuronais recorrentes (RNN) treinadas em grandes conjuntos de dados de composições musicais. Estas redes podem aprender os padrões e as estruturas subjacentes aos géneros e estilos musicais, permitindo-lhes gerar composições originais que aderem a convenções estabelecidas, ao mesmo tempo que introduzem elementos novos.

utra tendência emergente na composição musical baseada em IA é a utilização de modelos de aprendizagem profunda para analisar e sintetizar estilos musicais. Ao treinar redes neurais profundas em vastas bibliotecas de gravações musicais, os investigadores podem desenvolver sistemas de IA capazes de imitar os estilos de compositores ou géneros icónicos, desde sinfonias clássicas a improvisações de jazz.

Desafios e considerações éticas: Embora a IA tenha o potencial de aumentar a criatividade humana e expandir as possibilidades de expressão artística, também levanta importantes questões éticas e filosóficas. Uma das preocupações é a questão da autoria e da propriedade das obras de arte geradas por IA em colaboração. Quem deve ser creditado como criador de uma obra de arte produzida através de uma colaboração entre a IA e artistas humanos? Como devem ser distribuídos os direitos de autor e os direitos de propriedade intelectual?

Outro desafio é o risco de preconceitos algorítmicos e de consequências não intencionais nos conteúdos gerados por IA. Os sistemas de IA são treinados em conjuntos de dados que reflectem os preconceitos e as preferências dos seus criadores, o que pode levar à perpetuação de estereótipos ou ao reforço das desigualdades existentes. É essencial que os artistas, os tecnólogos e os especialistas em ética trabalhem em conjunto para resolver estas questões e garantir que a criatividade baseada na IA seja inclusiva, diversificada e reflicta a rica tapeçaria da experiência humana.

Ferramentas de IA para melhorar o pensamento criativo

A criatividade é uma caraterística distintiva da inteligência humana, impulsionando a inovação, a resolução de problemas e a expressão artística. Nos últimos anos, a inteligência artificial (IA) surgiu como um poderoso aliado para aumentar e melhorar o pensamento criativo. Ao tirar partido das ferramentas e dos algoritmos de IA, os indivíduos e as organizações podem desbloquear novos domínios da criatividade, gerando novas ideias, concepções e soluções.

Geração de ideias com base em IA: Um dos principais desafios do processo criativo é gerar ideias novas e originais. A IA oferece uma infinidade de ferramentas e técnicas para facilitar a geração de ideias, fornecendo inspiração, ideias e sugestões para alimentar a criatividade. Por exemplo, as plataformas de brainstorming alimentadas por IA utilizam algoritmos de processamento de linguagem natural (PNL) para analisar grandes quantidades de dados de texto e gerar um vasto leque de ideias com base nos dados introduzidos pelo utilizador. Estas plataformas podem sugerir novos conceitos, identificar tendências emergentes e até prever o potencial sucesso de diferentes ideias.

Da mesma forma, os sistemas de recomendação baseados em IA podem ajudar os criativos a descobrir conteúdos, inspiração e recursos relevantes. Ao analisar as preferências do utilizador, o histórico de navegação e as interacções nas redes sociais, estes sistemas podem fornecer recomendações personalizadas de artigos, imagens, vídeos e outros recursos criativos. Isto não só poupa tempo e esforço, como também expõe os indivíduos a novas ideias e perspectivas, promovendo uma cultura de inovação e exploração.

Design e visualização melhorados por IA: Em áreas como o design gráfico, a arquitetura e o desenvolvimento de produtos, as ferramentas alimentadas por IA estão a revolucionar o processo de design e a expandir as possibilidades de expressão criativa. Os algoritmos de design generativo, por exemplo, utilizam técnicas de aprendizagem automática para explorar milhares de opções de design e identificar soluções óptimas com base em restrições e objectivos predefinidos. Isto permite aos designers iterar rapidamente através de diferentes iterações, experimentar variações e descobrir conceitos de design inovadores que podem não ter sido possíveis através de métodos tradicionais.

Do mesmo modo, as ferramentas de visualização baseadas em IA utilizam técnicas como a visão por computador e o reconhecimento de imagens para transformar dados em bruto em representações visuais apelativas. Quer estejam a criar infografias, visualizações de dados ou protótipos virtuais, estas ferramentas ajudam os comunicadores a transmitir ideias e informações complexas de uma forma clara e cativante. Ao automatizar tarefas entediantes e ao fornecer informações inteligentes, as ferramentas de visualização melhoradas por IA permitem que os criativos se concentrem nos aspectos conceptuais do seu trabalho e dêem vida às suas ideias de forma mais eficiente.

Criação de conteúdos assistida por IA: No domínio da criação de conteúdos, a IA está a desempenhar um papel cada vez mais importante na geração de texto, imagens e conteúdos multimédia. Os algoritmos de geração de linguagem natural (NLG), por exemplo, podem gerar automaticamente conteúdos escritos com base em instruções, tópicos ou palavras-chave predefinidos. Desde artigos de notícias e publicações em blogues a textos de marketing e descrições de produtos, estes algoritmos produzem texto coerente e gramaticalmente correto que imita o estilo de escrita humano.

Do mesmo modo, as ferramentas de geração de imagens com recurso à IA podem criar imagens, ilustrações e gráficos realistas a partir de descrições textuais ou de dados introduzidos pelo utilizador. Estas ferramentas tiram partido das redes adversárias generativas (GAN) e de outras técnicas de aprendizagem profunda para gerar novos conteúdos visuais visualmente apelativos e contextualmente relevantes. Isto permite que os designers, os profissionais de marketing e os criadores de conteúdos produzam rapidamente imagens de alta qualidade sem a necessidade de competências artísticas avançadas ou de software dispendioso.

IA para colaboração e feedback criativos: A colaboração é muitas vezes uma pedra angular do processo criativo, permitindo que os indivíduos partilhem ideias, recebam feedback e repitam o seu trabalho. As plataformas de colaboração baseadas em IA facilitam a comunicação e a colaboração entre equipas distribuídas, fornecendo ferramentas para brainstorming, partilha de ideias e gestão de projectos. Estas plataformas tiram partido dos algoritmos de IA para analisar as interacções dos utilizadores, identificar temas comuns e apresentar informações relevantes para melhorar o processo criativo.

Para além de facilitar a colaboração, a IA também pode fornecer feedback e críticas valiosas para ajudar as pessoas a melhorar o seu trabalho criativo. Por exemplo, as plataformas de crítica baseadas em IA utilizam algoritmos de aprendizagem automática para analisar projectos criativos e fornecer feedback construtivo sobre elementos como a composição, a paleta de cores e a narrativa. Este feedback ajuda os criadores a identificar áreas de melhoria, a aperfeiçoar as suas ideias e, em última análise, a produzir trabalhos de maior qualidade.

Inovação orientada para a IA: Estudos de caso

No panorama dos avanços tecnológicos, a inteligência artificial (IA) destaca-se como uma força transformadora, impulsionando a inovação em todos os sectores e remodelando a forma como vivemos, trabalhamos e interagimos com o mundo. Desde os cuidados de saúde e finanças aos transportes e entretenimento, as inovações impulsionadas pela IA estão a revolucionar os processos, a otimizar o desempenho e a abrir novas oportunidades de crescimento e desenvolvimento.

Cuidados de saúde revolucionados: IA na medicina e no diagnóstico

Uma das aplicações mais promissoras da IA é no domínio dos cuidados de saúde, onde está a revolucionar o diagnóstico médico, o planeamento de tratamentos e os cuidados aos doentes. Os algoritmos de aprendizagem automática treinados em vastos conjuntos de dados de imagens médicas, registos de pacientes e informações genéticas podem analisar dados complexos com uma velocidade e precisão sem precedentes, ajudando os médicos na deteção precoce de doenças e em recomendações de tratamento personalizadas.

Por exemplo, na radiologia, os algoritmos de IA podem analisar imagens médicas, como raios X, ressonâncias magnéticas e tomografias computorizadas, para detetar anomalias e diagnosticar doenças como o cancro, fracturas e perturbações neurológicas. Estas ferramentas de diagnóstico baseadas em IA não só aumentam a exatidão dos diagnósticos, como também aceleram o processo, permitindo aos prestadores de cuidados de saúde realizar intervenções atempadas e melhorar os resultados dos doentes.

Para além do diagnóstico, a IA está também a transformar o planeamento do tratamento e a descoberta de medicamentos. Ao analisar os dados genómicos e as estruturas moleculares, os algoritmos de IA podem identificar potenciais candidatos a medicamentos, prever a sua eficácia e efeitos secundários e otimizar os regimes de tratamento para cada doente. Esta abordagem personalizada à medicina promete terapias mais eficazes com menos efeitos adversos, dando início a uma nova era de medicina de precisão.

Assistentes virtuais com IA: Redefinir a experiência do cliente

Outra área em que a inovação impulsionada pela IA está a fazer ondas é a dos assistentes virtuais e dos chatbots, que estão a revolucionar o serviço e a interação com o cliente. Com base no processamento de linguagem natural (PNL) e nos algoritmos de aprendizagem automática, os assistentes virtuais, como a Siri, a Alexa e o Assistente do Google, podem compreender e responder a questões humanas, executar tarefas e fornecer recomendações personalizadas.

Por exemplo, no comércio eletrónico, os chatbots alimentados por IA podem ajudar os clientes com perguntas sobre produtos, processar encomendas e prestar apoio, melhorando a experiência geral de compra. Estes assistentes virtuais tiram partido da aprendizagem automática para analisar as preferências e o comportamento dos clientes, permitindo-lhes oferecer recomendações personalizadas e antecipar necessidades.

No sector bancário e financeiro, os assistentes virtuais orientados para a IA estão a simplificar processos como a gestão de contas, a monitorização de transacções e a deteção de fraudes. Estes bots alimentados por IA podem interagir com os clientes em tempo real, responder a perguntas sobre saldos de contas, histórico de transacções e planeamento financeiro, e detetar actividades suspeitas para evitar fraudes.

Veículos autónomos: Impulsionar o futuro dos transportes

A inovação impulsionada pela IA está também a remodelar a indústria dos transportes, em particular com o desenvolvimento de veículos autónomos (AVs). Equipados com sensores, câmaras e algoritmos de IA, os veículos autónomos podem perceber o seu ambiente, navegar em estradas complexas e tomar decisões em tempo real, com o objetivo de melhorar a segurança, a eficiência e a acessibilidade.

Empresas como a Tesla, a Waymo e a Uber estão a liderar a tecnologia AV, desenvolvendo carros e camiões autónomos capazes de funcionar sem intervenção humana. Estes veículos utilizam algoritmos de IA para interpretar dados de sensores, detetar obstáculos e prever o comportamento de outros utentes da estrada, permitindo-lhes navegar de forma segura e autónoma.

Os potenciais benefícios dos veículos autónomos são vastos, incluindo a redução do congestionamento do tráfego, a diminuição das taxas de acidentes e o aumento da mobilidade das pessoas com deficiência ou com acesso limitado aos transportes. No entanto, desafios como os obstáculos regulamentares, as considerações éticas e a aceitação social continuam a ser obstáculos a uma adoção generalizada.

IA no entretenimento e nos media: Conteúdo e recomendações personalizados

Na indústria do entretenimento e dos media, a inovação impulsionada pela IA está a revolucionar a criação, distribuição e consumo de conteúdos. Plataformas de streaming como a Netflix, o Spotify e o YouTube utilizam algoritmos de IA para analisar as preferências e o comportamento dos utilizadores, personalizar as recomendações de conteúdos e otimizar o envolvimento dos utilizadores.

Por exemplo, a Netflix utiliza a aprendizagem automática para analisar padrões e preferências de visualização, recomendando conteúdos personalizados com base em gostos e interesses individuais. Do mesmo modo, o Spotify utiliza algoritmos de IA para organizar listas de reprodução personalizadas, descobrir novas músicas e recomendar faixas com base no histórico de audição e no feedback dos utilizadores.

A IA está também a transformar a criação de conteúdos, com aplicações como a geração de linguagem natural (NLG) e as imagens geradas por computador (CGI) que permitem a escrita, a produção de vídeo e a animação automatizadas. Estas ferramentas alimentadas por IA oferecem novas vias para a criatividade e a expressão, permitindo que artistas e criadores dêem vida às suas visões de formas inovadoras.

CAPÍTULO 10
O futuro da IA e da inteligência humana

Ashwani Kumar

Escola de Engenharia e Tecnologia

K. R. Mangalam University, Gurugram, Haryana, Índia

Deepak Singh

Departamento de Engenharia e Tecnologia

ABES(IT), Ghaziabad, Uttar Pradesh, Índia

Introdução

A inteligência artificial (IA) está na vanguarda da inovação tecnológica, impulsionando mudanças transformadoras em todos os sectores e remodelando a forma como vivemos, trabalhamos e interagimos com o mundo. À medida que a IA continua a evoluir a um ritmo acelerado, tanto os especialistas como os investigadores especulam sobre os potenciais avanços que se avizinham.

Processamento melhorado da linguagem natural: O processamento de linguagem natural (PNL) registou avanços significativos nos últimos anos, com sistemas alimentados por IA capazes de compreender, gerar e interagir com a linguagem humana. Olhando para o futuro, os especialistas prevêem avanços ainda maiores na PNL, com sistemas cada vez mais conscientes do contexto, matizados e capazes de lidar com tarefas linguísticas complexas.

Uma das previsões é o desenvolvimento de sistemas de IA capazes de compreender e gerar uma linguagem verdadeiramente semelhante à humana, esbatendo as fronteiras entre a comunicação humana e a comunicação entre máquinas. Estes sistemas podem apresentar capacidades de conversação comparáveis às dos humanos, facilitando interacções mais fluidas em vários domínios, desde o serviço ao cliente aos assistentes virtuais.

Além disso, espera-se que os avanços na PNL permitam que os sistemas de IA compreendam e gerem conteúdos em várias línguas com elevada precisão, quebrando as barreiras linguísticas e promovendo uma maior conetividade global. Os modelos multilingues de IA poderão revolucionar os serviços de tradução, a comunicação intercultural e a divulgação de informações à escala mundial.

Progressos contínuos na visão por computador: A visão por computador, o domínio da IA centrado na capacidade de as máquinas interpretarem e compreenderem a informação visual, registou um progresso notável nos últimos anos. Desde o reconhecimento de imagens à deteção de objectos e à compreensão de cenas, os sistemas de visão alimentados por IA tornaram-se cada vez mais competentes na perceção e análise de dados visuais.

Olhando para o futuro, os especialistas prevêem avanços contínuos na visão computacional, impulsionados por inovações na aprendizagem profunda, redes neurais e técnicas de processamento de imagem. Estes avanços podem conduzir a sistemas de IA com capacidades superiores de compreensão visual, permitindo-lhes reconhecer e interpretar conteúdos visuais com exatidão e precisão semelhantes às humanas.

Uma previsão é o desenvolvimento de sistemas de visão alimentados por IA capazes de compreender não apenas imagens individuais, mas cenas e contextos inteiros. Estes sistemas podem ser capazes de analisar dados visuais complexos em tempo real, extraindo informações significativas e tomando decisões informadas em ambientes dinâmicos, tais como veículos autónomos que navegam nas ruas da cidade ou robôs que operam em ambientes industriais complexos.

Além disso, espera-se que os avanços na visão por computador se estendam para além das tradicionais imagens 2D e incluam dados 3D e volumétricos, permitindo que os sistemas de IA percebam e interajam com o mundo em três dimensões. Isto poderá revolucionar aplicações como a realidade aumentada, a realidade virtual e a imagiologia médica, abrindo novas possibilidades para experiências imersivas e capacidades de visualização melhoradas.

Avanços na ética da IA e na IA responsável: À medida que as tecnologias de IA continuam a proliferar e a integrar-se em vários aspectos da sociedade, a importância da ética da IA e das práticas responsáveis de IA torna-se cada vez mais evidente. As preocupações com a parcialidade, a equidade, a transparência e a responsabilidade nos sistemas de IA suscitaram apelos a uma maior atenção às considerações éticas e ao desenvolvimento de quadros para uma implantação responsável da IA.

Olhando para o futuro, os especialistas prevêem avanços na ética da IA e nas práticas responsáveis de IA, impulsionados por avanços na explicabilidade, interpretabilidade e justiça da IA. Estes avanços podem levar ao desenvolvimento de sistemas de IA mais transparentes, responsáveis e alinhados com os valores e normas da sociedade.

Uma previsão é a integração de considerações éticas na conceção e no desenvolvimento de sistemas de IA desde o início, com princípios e directrizes éticas incorporados no processo de desenvolvimento da IA. Isto poderá implicar a incorporação de mecanismos de deteção e atenuação de preconceitos, assegurando que os sistemas de IA sejam justos e equitativos para as diversas populações.

Além disso, os avanços na ética da IA podem levar à emergência de novos domínios interdisciplinares, como a ética, o direito e a política da IA, centrados na abordagem das implicações éticas, jurídicas e sociais das tecnologias de IA. Estes domínios poderão desempenhar um papel crucial na definição de quadros regulamentares, mecanismos de governação e orientações éticas para a implantação da IA em vários domínios.

Assistentes de IA personalizados e agentes inteligentes: Os assistentes virtuais e agentes inteligentes alimentados por IA tornaram-se omnipresentes no nosso quotidiano, ajudando-nos a gerir tarefas, a aceder a informações e a interagir com serviços digitais. Olhando para o futuro, os especialistas prevêem uma mudança para assistentes de IA mais personalizados e conscientes do contexto, adaptados às preferências, comportamentos e necessidades individuais.

Uma das previsões é o desenvolvimento de assistentes de IA capazes de antecipar as intenções do utilizador e de o ajudar proactivamente nas tarefas com base em pistas contextuais e interacções históricas. Estes assistentes podem utilizar algoritmos avançados de aprendizagem automática para aprender com o feedback do utilizador e adaptar o seu comportamento ao longo do tempo, fornecendo recomendações e assistência cada vez mais personalizadas e relevantes.

Além disso, os avanços nos assistentes de IA podem levar ao aparecimento de interfaces multimodais e multissensoriais, permitindo interacções mais naturais e intuitivas com os sistemas de IA. Estas interfaces podem incorporar voz, gestos e estímulos hápticos, permitindo aos utilizadores interagir com os assistentes de IA de uma forma imersiva e sem descontinuidades.

A influência da Inteligência Artificial no Desenvolvimento Cognitivo Humano

Na era digital, a inteligência artificial (IA) tornou-se parte integrante das nossas vidas, revolucionando vários aspectos da sociedade, incluindo a educação, os cuidados de saúde e o entretenimento. Uma área em que o impacto da IA é particularmente profundo é o desenvolvimento cognitivo humano. À medida que as tecnologias de IA continuam a evoluir, estão a remodelar a forma como aprendemos, pensamos e interagimos com o mundo que nos rodeia.

Ambientes de aprendizagem baseados em IA: Uma mudança de paradigma na educação

Os paradigmas educativos tradicionais estão a sofrer uma profunda transformação com a integração de ambientes de aprendizagem alimentados por IA. Estes ambientes utilizam algoritmos de IA para personalizar a instrução, adaptar-se a estilos de aprendizagem individuais e fornecer feedback em tempo real aos alunos. Por exemplo, os sistemas de tutoria inteligentes utilizam algoritmos de aprendizagem automática para analisar os dados de desempenho dos alunos e adaptar os materiais de aprendizagem às necessidades de cada aluno. Esta abordagem personalizada da educação não só melhora os resultados da aprendizagem, como também promove competências metacognitivas como a autorregulação e a reflexão.

Além disso, as plataformas educativas orientadas para a IA oferecem experiências de aprendizagem imersivas através de tecnologias de realidade virtual (RV) e de realidade aumentada (RA). Estas tecnologias criam simulações interactivas que envolvem os alunos em cenários realistas, permitindo-lhes aplicar os conhecimentos em contexto e desenvolver competências de resolução de problemas. Por exemplo, os estudantes de medicina podem praticar procedimentos cirúrgicos numa sala de operações virtual, enquanto os estudantes de história podem explorar civilizações antigas através de reconstruções em realidade aumentada. Ao proporcionar experiências de aprendizagem práticas, as plataformas alimentadas por IA promovem a aprendizagem experimental e uma compreensão concetual profunda.

Melhoria cognitiva através da tomada de decisões assistida por IA

Os sistemas de IA também estão a melhorar as capacidades cognitivas humanas, aumentando os processos de tomada de decisão. Desde a análise preditiva aos sistemas de recomendação, os algoritmos de IA analisam grandes quantidades de dados para informar a tomada de decisões em vários domínios, incluindo finanças, cuidados de saúde e negócios. Por exemplo, as ferramentas de diagnóstico alimentadas por IA analisam imagens médicas e dados de pacientes para ajudar os profissionais de saúde a diagnosticar doenças e a planear estratégias de tratamento. Do mesmo modo, os consultores financeiros orientados para a IA analisam as tendências do mercado e as preferências dos investidores para fornecer recomendações de investimento personalizadas.

Além disso, os sistemas de apoio à decisão alimentados por IA ajudam os indivíduos a navegar em tarefas complexas de tomada de decisões, fornecendo informações e conhecimentos atempados. Por exemplo, os chatbots equipados com capacidades de processamento de linguagem natural oferecem recomendações personalizadas com base nas preferências do utilizador e em interacções anteriores. Ao aumentar os processos de tomada de decisão com conhecimentos baseados em IA, os indivíduos podem fazer escolhas mais informadas, otimizar os resultados e adaptar-se a circunstâncias em mudança.

IA e automatização cognitiva: Oportunidades e desafios

A automatização cognitiva, a utilização da IA para executar tarefas cognitivas tradicionalmente efectuadas por seres humanos, apresenta oportunidades e desafios para o desenvolvimento cognitivo humano. Por um lado, a automatização baseada na IA liberta recursos cognitivos, permitindo que os indivíduos se concentrem em competências de pensamento de ordem superior, como a criatividade, a resolução de problemas e a inovação. Por exemplo, as ferramentas baseadas na IA automatizam tarefas de rotina, como a introdução de dados, libertando tempo para os funcionários se dedicarem à tomada de decisões estratégicas e à inovação.

Por outro lado, a automatização cognitiva suscita preocupações quanto à deslocação de postos de trabalho e à desqualificação da mão de obra. medida que os sistemas de IA assumem tarefas cognitivas cada vez mais complexas, existe o risco de os seres humanos ficarem demasiado dependentes da automatização e perderem capacidades de pensamento crítico. Para mitigar estes riscos, é essencial investir em iniciativas de requalificação e melhoria de competências que preparem os indivíduos para as exigências cognitivas da futura força de trabalho. Além disso, a promoção de uma cultura de aprendizagem ao longo da vida e de adaptabilidade é crucial para navegar no cenário em rápida evolução da automatização impulsionada pela IA.

Considerações éticas e implicações sociais

À medida que as tecnologias de IA continuam a avançar, é imperativo abordar as considerações éticas e as implicações sociais relacionadas com o desenvolvimento cognitivo humano. Os algoritmos orientados para a IA podem perpetuar preconceitos e desigualdades se não forem cuidadosamente concebidos e monitorizados. Por exemplo, dados de formação tendenciosos podem levar à discriminação algorítmica nas decisões de contratação, aprovação de empréstimos e policiamento preditivo. Para mitigar estes riscos, é essencial promover a diversidade e a inclusão nas equipas de desenvolvimento de IA, adotar quadros de governação de IA transparentes e responsáveis e garantir que os sistemas de IA estão eticamente alinhados com os valores e direitos humanos.

Além disso, a adoção generalizada de tecnologias de IA suscita preocupações em matéria de privacidade, segurança e autonomia. Os sistemas de vigilância baseados em IA, os algoritmos de reconhecimento facial e as ferramentas de análise preditiva levantam questões sobre os direitos de privacidade individuais e o potencial de vigilância em massa. Além disso, a utilização da IA em sistemas autónomos, como os carros autónomos e os drones militares, levanta dilemas éticos sobre a responsabilidade e o controlo humano sobre a tomada de decisões com base na IA. A abordagem destas considerações éticas exige uma colaboração interdisciplinar entre decisores políticos, tecnólogos, especialistas em ética e partes interessadas para desenvolver políticas e directrizes responsáveis em matéria de IA.

Futuro integrado na IA

O rápido avanço da inteligência artificial (IA) está a remodelar indústrias, sociedades e economias em todo o mundo. À medida que a IA se integra cada vez mais na nossa vida quotidiana, é essencial que os indivíduos, as organizações e os governos se preparem para esta mudança transformadora.

Compreender o impacto da integração da IA: A integração da IA engloba a incorporação de tecnologias e sistemas de IA em vários aspectos da sociedade, incluindo os cuidados de saúde, a educação, as finanças, os transportes e muito mais. Desde assistentes virtuais inteligentes a veículos autónomos, a IA está pronta a revolucionar a forma como trabalhamos, comunicamos e vivemos.

O impacto da integração da IA é multifacetado, oferecendo oportunidades sem precedentes de eficiência, inovação e crescimento. A automatização impulsionada pela IA simplifica os processos, aumenta a produtividade e reduz os custos para as empresas. Nos cuidados de saúde, os diagnósticos baseados em IA melhoram os resultados dos pacientes, permitindo uma deteção de doenças mais rápida e precisa. No sector da educação, as plataformas de aprendizagem personalizadas adaptam-se às necessidades individuais dos alunos, promovendo um maior envolvimento e sucesso.

No entanto, a adoção generalizada da IA também suscita preocupações quanto à deslocação de postos de trabalho, às violações da privacidade e às implicações éticas. À medida que os sistemas de IA se tornam cada vez mais sofisticados, podem substituir os trabalhadores humanos em determinadas tarefas, conduzindo à reestruturação da força de trabalho e a perturbações económicas. Além disso, os algoritmos de IA podem perpetuar preconceitos e discriminação se não forem corretamente concebidos e monitorizados, levantando questões sobre equidade e responsabilidade.

Estratégias de preparação: Investir na educação e formação em IA:

Para prosperar num futuro integrado na IA, os indivíduos têm de adquirir as competências e os conhecimentos necessários para tirar partido das tecnologias de IA de forma eficaz. Os programas de educação e formação devem ser alargados para incluir a literacia em IA, a codificação, a análise de dados e a aprendizagem automática. As iniciativas de aprendizagem ao longo da vida podem ajudar os trabalhadores a adaptarem-se à evolução das exigências profissionais e a manterem-se competitivos no mercado de trabalho.

Os empregadores também devem investir na melhoria das competências e na requalificação dos seus funcionários para os preparar para as transformações impulsionadas pela IA nos seus sectores. Os programas de formação podem ajudar os trabalhadores na transição para novas funções que complementam as tecnologias de IA, como analistas de dados, especialistas em IA e engenheiros de automação.

Promover o desenvolvimento ético da IA: À medida que a IA se torna mais prevalecente, é essencial garantir que os sistemas de IA sejam desenvolvidos e implantados de forma ética e responsável. Isto requer transparência, responsabilidade e adesão a princípios éticos durante todo o ciclo de vida da IA.

Os governos, as organizações industriais e os criadores de IA devem colaborar para estabelecer directrizes e normas para o desenvolvimento ético da IA. Estas directrizes devem abordar questões como o enviesamento algorítmico, a privacidade dos dados, a justiça e a responsabilidade. Os sistemas de IA devem ser concebidos para dar prioridade ao bem-estar humano e atenuar os potenciais danos para os indivíduos e a sociedade.

Promover a colaboração e a investigação interdisciplinar: A integração da IA exige a colaboração entre disciplinas, incluindo a informática, a neurociência, a psicologia, a ética, o direito e a sociologia. As iniciativas de investigação interdisciplinar podem ajudar a enfrentar desafios complexos e garantir que as tecnologias de IA são desenvolvidas em conformidade com os valores e necessidades da sociedade.

As universidades, as instituições de investigação e os parceiros da indústria devem colaborar para fazer avançar a investigação e a inovação no domínio da IA. As equipas multidisciplinares podem reunir diversas perspectivas e conhecimentos especializados para resolver problemas relacionados com a IA e desenvolver soluções que beneficiem a sociedade no seu conjunto.

Promover uma cultura de inovação e adaptabilidade: Num futuro integrado na IA, as organizações devem promover uma cultura de inovação, experimentação e adaptabilidade. Os líderes devem incentivar os funcionários a abraçar a mudança, assumir riscos e explorar novas oportunidades possibilitadas pelas tecnologias de IA.

As estruturas e os processos organizacionais devem ser concebidos para facilitar a agilidade e a flexibilidade. As empresas devem investir em metodologias ágeis, design thinking e laboratórios de inovação para promover a criatividade e impulsionar a melhoria contínua. Ao promover uma cultura de inovação e adaptabilidade, as organizações podem posicionar-se para o sucesso num mundo orientado para a IA.

Abordar os impactos sociais e as desigualdades: À medida que a integração da IA se acelera, é essencial abordar os impactos sociais e as desigualdades que podem surgir. Governos, formuladores de políticas e líderes comunitários devem trabalhar juntos para garantir que as tecnologias de IA beneficiem todos os membros da sociedade e reduzam as disparidades.

Devem ser feitos esforços para eliminar o fosso digital e garantir que as comunidades marginalizadas tenham acesso a tecnologias e oportunidades de IA. Devem ser implementadas políticas para promover o desenvolvimento e a implantação de IA inclusiva, com foco na abordagem de preconceitos, promoção da diversidade e capacitação de grupos sub-representados.

Ligar a IA e a inteligência humana

No domínio da inteligência artificial (IA), a procura de replicar e aumentar a inteligência humana tem sido uma força motriz dos avanços tecnológicos. No entanto, no meio do rápido progresso da investigação e desenvolvimento da IA, surgem questões sobre a relação entre a IA e a inteligência humana. Será a IA uma ameaça para a inteligência humana, ou poderão as duas coexistir harmoniosamente?

Compreender a inteligência humana: A inteligência humana é um fenómeno multifacetado que engloba capacidades cognitivas como a perceção, o raciocínio, a memória, a criatividade e a consciência emocional. Ao contrário da IA, que funciona com base em algoritmos e dados, a inteligência humana caracteriza-se pela sua adaptabilidade, flexibilidade e capacidade de pensamento abstrato. Os seres humanos podem navegar em interacções sociais complexas, fazer julgamentos morais e expressar emoções - qualidades que, tradicionalmente, têm sido difíceis de imitar pelos sistemas de IA.

O papel da IA no reforço da inteligência humana: Em vez de encarar a IA como um substituto da inteligência humana, esta pode ser vista como uma ferramenta complementar que melhora as capacidades humanas. As tecnologias de IA, como a aprendizagem automática, o processamento de linguagem natural e a visão por computador, podem aumentar a inteligência humana automatizando tarefas de rotina, analisando grandes quantidades de dados e fornecendo informações que os humanos podem ignorar. Por exemplo, as ferramentas de análise de dados baseadas em IA podem ajudar os investigadores a identificar padrões em grandes conjuntos de dados, conduzindo a descobertas em domínios como os cuidados de saúde, as finanças e a investigação científica.

Além disso, os assistentes alimentados por IA, como os chatbots virtuais e os assistentes pessoais inteligentes, podem racionalizar a produtividade, ajudar na tomada de decisões e facilitar a comunicação - libertando, em última análise, os recursos cognitivos humanos para actividades mais criativas e estratégicas. Ao transferir as tarefas quotidianas para os sistemas de IA, os seres humanos podem concentrar-se em competências de pensamento de nível superior, como a resolução de problemas, a inovação e a análise crítica, o que conduz a uma maior eficiência e produtividade.

Considerações éticas e salvaguardas: No entanto, a integração da IA e da inteligência humana suscita preocupações e desafios éticos que devem ser abordados para garantir uma relação harmoniosa. Uma preocupação é o potencial da IA para perpetuar preconceitos e discriminação, particularmente em sistemas de tomada de decisão, como algoritmos de contratação e policiamento preditivo. Para mitigar estes riscos, é essencial desenvolver sistemas de IA transparentes e responsáveis que dêem prioridade à justiça, à responsabilidade e à transparência.

Além disso, existem preocupações quanto ao impacto da IA no emprego e no futuro do trabalho. Embora a IA tenha o potencial de automatizar tarefas repetitivas e aumentar a eficiência, também levanta questões sobre a deslocação de postos de trabalho e a necessidade de melhorar e requalificar as competências. Para enfrentar estes desafios, os decisores políticos, os educadores e os líderes da indústria devem colaborar para desenvolver estratégias de desenvolvimento da força de trabalho, de aprendizagem ao longo da vida e de reconversão profissional.

Promover a colaboração e a empatia: Para além de abordar as questões éticas, promover a colaboração e a empatia entre a IA e a inteligência humana é essencial para criar uma relação harmoniosa. Em vez de encarar a IA como um concorrente ou adversário, os humanos podem abraçar a IA como um parceiro na resolução de problemas, na inovação e na criatividade. Ao trabalharem em conjunto, os seres humanos e os sistemas de IA podem aproveitar os seus respectivos pontos fortes para enfrentar desafios complexos e impulsionar o progresso em áreas como os cuidados de saúde, as alterações climáticas e a justiça social.

Além disso, a promoção da empatia e da compreensão entre os seres humanos e a IA exige o reconhecimento das limitações e dos preconceitos inerentes aos sistemas de IA. Embora a IA possa processar grandes quantidades de dados e efetuar tarefas com rapidez e precisão, carece de qualidades humanas como a empatia, a intuição e o juízo moral. Por conseguinte, é fundamental utilizar a IA como uma ferramenta para aumentar a inteligência humana e não para substituir os juízos e valores humanos.

Educação e capacitação: Finalmente, capacitar os indivíduos com conhecimentos e competências para compreender, criticar e colaborar com a IA é essencial para construir uma relação harmoniosa entre a IA e a inteligência humana. Os programas educativos devem dar ênfase ao pensamento computacional, à literacia de dados e ao raciocínio ético - equipando os indivíduos com as ferramentas necessárias para navegar num mundo cada vez mais orientado para a IA. Além disso, a promoção da colaboração interdisciplinar entre investigadores de IA, cientistas sociais, especialistas em ética e decisores políticos pode garantir que as tecnologias de IA são desenvolvidas e implementadas de forma responsável, tendo em mente os melhores interesses da sociedade.

BIBLIOGRAFIA

1. Liu, F., Shi, Y., & Liu, Y. (2017). Quociente de inteligência e grau de inteligência da inteligência artificial. Annals of Data Science, 4, 179-191.

2. Ulinwa, I. V. (2008). Quociente de inteligência da máquina: Uma análise de múltiplas perspectivas dos sistemas artificiais inteligentes, incluindo a tecnologia educativa. Universidade de Walden.

3. Liu, F., Shi, Y., & Chen, Z. (2021). Teste de quociente de inteligência para cidades inteligentes nos Estados Unidos. Jornal de Planejamento e Desenvolvimento Urbano, 147(1), 04020053.

4. Kathirisetty, N., Jadeja, R., Garg, D., & Thakkar, H. K. (2022). Sobre a conceção de um modelo de avaliação de estudantes baseado no quociente de inteligência utilizando a aprendizagem automática. IEEE Access, 10, 48733-48746.

5. Prianthara, I. B. T., Darmawan, N., Adriati, I. G. A. W., & Munidewi, I. A. B. (2021). Inteligência emocional, inteligência intelectual e inteligência espiritual para a qualidade profissional da inteligência artificial de desenvolvimento de contadores como uma variável moderadora na era da revolução industrial 4.0. Jornal da Academia de Gestão Estratégica, 20, 1-15.

6. Vadinský, O. (2018). Uma visão geral das abordagens que avaliam a inteligência dos sistemas artificiais. Ata informatica pragensia, 7(1), 74-103.

7. Zohuri, B., & Rahmani, F. M. (2020). Inteligência artificial versus inteligência humana: Uma nova corrida tecnológica. Ata Scientific Pharmaceutical Sciences (ISSN: 2581-5423), 4(5).

8. Volkov, A. A., & Batov, E. I. (2015). Simulação de operações de construção para calcular o quociente de inteligência do edifício. Procedia Engineering, 111, 845-848.

9. Jahidin, A. H., Ali, M. M., Taib, M. N., Tahir, N. M., Yassin, I. M., & Lias, S. (2014). Classificação do quociente de inteligência por meio de recursos de razão de potência de sub-banda de ondas cerebrais e rede neural artificial. Métodos e programas de computador em biomedicina, 114(1), 50-59.

10. Jahidin, A. H., Taib, M. N., Tahir, N. M., Ali, M. M., Yassin, I. M., Lias, S., ... & Fuad, N. (2013, dezembro). Classificação do quociente de inteligência usando a razão de potência da sub-banda EEG e ANN durante a tarefa mental. Em 2013, Conferência IEEE sobre Sistemas, Processos e Controle (ICSPC) (pp. 204-208). IEEE.

11. Mouneshachari, S., Pande, M. S., & Rao, T. S. (2016, fevereiro). Classificação baseada em EQ e IQ do índice inteligente (S-quociente) usando K-means. Em 2016 IEEE 6ª Conferência Internacional sobre Computação Avançada (IACC) (pp. 101-105). IEEE.

12. Wang, Y. (2009). Sobre a inteligência abstrata: Rumo a uma teoria unificadora da inteligência natural, artificial, maquinável e computacional. Revista Internacional de Ciência do Software e Inteligência Computacional (IJSSCI), 1(1), 1-17.